亞洲咖啡認證

初階學堂

國立高雄餐旅大學 著

CONTENTS

- 推薦序 11
- 感謝序 13

第一章

咖啡的經濟規模、
文化和發展 14

壹 咖啡的經濟規模 16

一、世界咖啡市場 17
二、台灣的咖啡市場 18

貳 各國的咖啡飲用文化 19

參 台灣的咖啡發展 24

一、台灣咖啡生產史：四個階段 24
二、台灣的咖啡文化發展 26
三、台灣的咖啡種植與產量 27
四、台灣的咖啡價格 28
五、台灣的咖啡市場 29

第二章

咖啡成分與
健康 30

壹 揮發性與非揮發性物質 32

一、揮發性物質 32
二、非揮發性物質 34

貳 咖啡的主要成分 37

一、碳水化合物 37
二、綠原酸 39
三、咖啡因 43
四、葫蘆巴鹼 44
五、咖啡脂質 46
六、生育酚 52

CONTENTS

 參 咖啡與健康 53

一、咖啡因與睡眠　54

二、咖啡因的代謝　55

三、咖啡與胃酸分泌及胃部不適　56

四、咖啡與心血管疾病　57

五、適度咖啡因飲食，無礙於心跳　59

六、咖啡攝取與急性低血鉀症　60

七、多酚類（polyphenol）　61

八、喝咖啡與降低第二型糖尿病　62

九、咖啡與肝臟　63

十、咖啡與抗發炎　64

十一、咖啡因與發炎反應　65

十二、赭麴毒素（ochratoxin）　67

十三、每杯咖啡中的成分　70

十四、每日咖啡建議攝取量　72

第三章

咖啡豆概論
74

 壹 咖啡種植管理概論 76

一、咖啡品種　76

二、產地　79

三、咖啡生長　80

 貳 咖啡後製處理法 90

一、水洗處理法　90

二、蜜處理法　92

三、日曬處理法　93

四、處理法的選擇　94

五、各種處理法辨識圖　95

參 瑕疵豆 96

一、瑕疵豆的產生　96

二、瑕疵豆的種類　96

CONTENTS

第四章

咖啡烘焙
100

 壹 烘焙的基本需求與條件　102

一、烘焙的定義　102
二、烘焙的熱源理論　104
三、烹飪的重點與精神　107

貳 烘焙機原理、種類和基本構造　120

一、使用於咖啡烘焙的器具　120
二、烘焙機各部件之說明　122
三、烘焙記錄　123

參 咖啡烘焙各階段重點　124

一、烘焙過程的三個階段　124
二、烘焙過程的注意事項　126
三、烘焙結束後的工作重點　131
四、完成烘焙記錄　133
五、咖啡豆的保存　133

第五章

咖啡萃取
134

 壹 感官（味、嗅、觸覺）發展簡述　136

一、味覺　136
二、嗅覺　138
三、觸覺　139

 貳 咖啡風味（正常、瑕疵）的成因和辨識　140

一、咖啡風味來源　140
二、咖啡瑕疵風味　142
三、咖啡風味開發　144

 參 影響咖啡萃取重要因素　145

一、水質　146
二、研磨顆粒　148
三、溫度　149
四、萃取時間　150
五、粉水比例　150
六、器具及過濾媒介　151
七、最佳化萃取　152
八、結語　153

CONTENTS

第六章

咖啡器具
154

壹 **咖啡器具演進** 156

一、土耳其壺 156

二、賽風壺 157

三、法國濾壓壺 158

四、義式咖啡機 158

五、手沖濾杯 159

六、摩卡壺 159

七、美式咖啡壺 160

八、聰明濾杯 161

九、冰滴咖啡 161

貳 **咖啡器具的挑選和使用說明** 162

第七章

義式咖啡概論
174

壹 **義式咖啡歷史** 176

貳 **義式咖啡機和磨豆機的結構與功能** 178

一、義式咖啡機的重要結構 178

二、磨豆機重要結構 180

三、萃取 181

參 **奶泡製作的流程和標準** 182

一、拿鐵拉花的歷史與由來 182

二、牛奶相關知識 183

三、奶泡製作與拉花練習 185

推薦序

晨起一杯咖啡，用香醇喚醒一天的朝氣，讓溫潤從舌端漫延至心頭。咖啡，已經融入許多現代都會人的生活之中，不可一日無之。咖啡，甚至被日本東京藥科大學名譽教授岡希太郎譽為「百藥之王」，因為其中富含的咖啡因、綠原酸與菸鹼酸等化學成分，能幫助預防心臟病、腦中風，以及第二型糖尿病等疾病。

有鑑於咖啡銷量在全球市場的逐步攀升，臺灣甚至高居全球第 72 名，平均每人一年消費約 122 杯咖啡，咖啡銷售市場年產值高達百億新台幣。帶領咖啡愛好者正確認識咖啡、品嚐咖啡，顯然有其必要。

因此，本校於 2016 年就邀請了臺灣咖啡發展協會陳理事長政學、芒果咖啡館廖創辦人思為、阿里山鄒築園方負責人政倫、艾暾咖啡羅負責人時賢、達文西咖啡蔡總監治宇、義大利咖啡師訓練中心亞洲區彭負責人思齊，以及國立臺南護理專科學校邵副教授長平，這七位享譽咖啡領域的專業達人，來本校講學，並在中華餐旅教育學會王國信秘書長的協助下，推廣「亞洲咖啡認證」。隨著課程的備受好評，本校秉持典範計畫初衷，從教育出發，結合產、官、學合作，推廣亞洲咖啡認證系統，進而為臺灣咖啡產業帶來實質貢獻。特地將教學經驗匯整，集結精華成冊，以饗讀者。

這是一本關於咖啡認證的初階教材，透過科學驗證方式，有系統的從文化、經濟等層面介紹關於咖啡的歷史；結合醫療常識，融合咖啡與保健。循序介紹咖啡豆從挑選，到烘焙，再到萃取的專業技巧。提供給愛好咖啡的讀者，也期盼有志於取得專業咖啡認證的同好，加入本校的「亞洲咖啡認證」課程，一同散播幸福咖啡種子，推廣臺灣咖啡。

國立高雄餐旅大學

林明香 前校長謹誌

（現任開南大學校長）

感謝序

在教育部典範計劃的支援下，國立高雄餐旅大學自 106 年度開始規劃咖啡認證系統，起心動念是希望能夠讓社會大眾更了解咖啡相關的知識，提昇產業的發展。因此我們邀請了學者及業界的專家，一起思考如何發展出適合亞洲國家的咖啡認證系統，經過多次討論，確認方向後即開始編撰此教材。

一份好的教材從無到有，必然是用心策劃的成果，要感謝一路走來，一起努力的好夥伴。

首先感謝吳原炳老師，協助邀請業界專家無私地提供寶貴的意見。感謝台南護理專科學校的邵長平博士，貢獻多年研究咖啡與健康的相關知識，提昇了教材的深度。

另外還有咖啡王子方政倫及咖啡公主陳若芸，將多年在種植端的經驗和大家分享。來自業界的羅時賢老師、蔡治宇老師、陳政學老師、廖思為老師和彭思齊老師均全力協助有關萃取、烘焙及義式咖啡部分教材的編撰，才能有今天的成果。

也感謝參與種子教師培訓的校內、外教師提供相關的修訂意見，讓教材更加完善。最後還要感謝所有參與此計畫的助理們，蘇柏安先生、葉卿菁小姐、翁興洵小姐及劉建麟先生協助計畫執行。

聚集大家的智慧，讓一份使命從夢想化為真實。希望這本教材能不負眾望，為國內的咖啡產業盡一分心力。

國立高雄餐旅大學

前副校長謹誌

第一章

[咖啡的經濟規模、
文化和發展]

學習目標

一 能說出不同產區咖啡的基本風味
（非洲、中南美洲、亞洲）

二 能說明咖啡歷史演進及經濟規模

課程大綱

壹 咖啡的經濟規模

貳 各國的咖啡飲用文化

參 台灣的咖啡發展（生產史、產量、消費量）

學科課程 2 小時

術科課程 1 小時

使用美式咖啡壺，沖煮世界不同產區的咖啡（非洲、中南美洲、亞洲），提供學員體驗品評。

壹 咖啡的經濟規模

咖啡帶

咖啡生長在赤道上下**北緯 25 度**到**南緯 30 度**之間熱帶及亞熱帶的區域，俗稱「**咖啡帶**」（Bean Belt），其中各區域所占的產量比例為：

- 💧 南美洲占 43%　　43%
- 💧 亞洲占 32%　　32%
- 💧 中美洲占 13%　　13%
- 💧 非洲占 12%　　12%

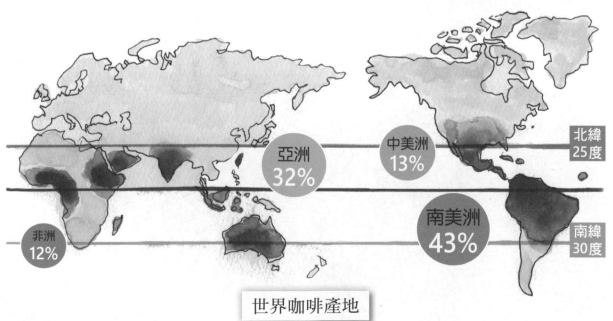

亞洲 32%

中美洲 13%

北緯 25 度

非洲 12%

南美洲 43%

南緯 30 度

世界咖啡產地

一、世界咖啡市場

2016 年「商業內幕」（Business Insider）網站指出，在全球的無酒精飲料中，咖啡的產值與產量所占的比例最高。2011 年以來，全球的咖啡銷量年增長率為 2.0%。

2014 年，世界咖啡豆的消耗量約 900 萬公噸，平均每天喝掉 20 億杯咖啡。咖啡產值高達 1000 多億美元，相當於 3 兆新台幣。2015 年，消耗量為 912.6 萬公噸（計約 152,100,000 袋，每袋 60 公斤）。在目前，亞洲地區的咖啡消費量為全球第一。

2016 年，「國際咖啡組織」（International Coffee Organization, ICO）統計預測報告指出，世界的咖啡需求將持續上升，而中國和印度是未來最具潛力的新興市場。中國市場目前以兩倍速率持續增長，預測在 2020 年，中國咖啡市場將超過 3,000 億元。

目前中國人口約 14 億，印度人口約 13.5 億，可預測的是，假以時日，將超過目前全球咖啡飲用數量的 20 億杯。故全球具知名度的咖啡連鎖集團星巴克（Starbucks），近年紛紛插旗進入中國與印度的咖啡市場，挑戰未來咖啡的新興市場。

巴西是全球最大的咖啡出口國，第二大出口國為越南。全球十大咖啡出口國中，中南美洲占了六國，亞洲占了三國，非洲則有衣索匹亞一國。

全球十大咖啡出口國

中南美洲	亞洲
巴西	越南
哥倫比亞	印尼
秘魯	印度
瓜地馬拉	
墨西哥	**非洲**
宏都拉斯	衣索匹亞

二、台灣的咖啡市場

依據行政院農委會網站資料，本地咖啡種植在**北回歸線以南**區域：

- 咖啡種植面積：856.15 公頃
- 咖啡年產量：853.69 公噸

與歐美國家比較，台灣咖啡市場屬於新興市場。全球**人均咖啡消費量**最高的國家是芬蘭，而台灣目前每年每人約消費 122 杯咖啡，是芬蘭的 1/8，咖啡消費量在世界上排名 72 名。

台灣的咖啡產值約為 700 億元，現在因為星巴克和超商的擴展，以及咖啡文化的強力行銷，近年來台灣飲用咖啡的年齡層涵蓋老、中、青所有族群而急遽增加，市場穩定擴展，目前每年約將近 7–8% 的成長率。

↗ 咖啡樹

↗ 芬蘭是全球人均咖啡
消費量最高的國家

貳　各國的咖啡飲用文化

咖啡有著特殊的風味，受到人們的喜愛，在生活中成了不可或缺的元素。在世界各地，隨著氣候、風土、環境和文化等差異，咖啡也發展出不同的飲用習慣。

阿拉伯地區

根據文獻記載，咖啡飲用最早的發源地於阿拉伯地區，主要是用於宗教用途，在宗教儀式進行的過程中飲用咖啡，並且不同的儀式就有不同的飲用方式，例如搭配燒香、加入香料或是使用各種咖啡器具。因此在阿拉伯地區，所品嚐的咖啡會伴隨著香料的氣味，像是荳蔻、肉桂或丁香。

↗ 阿拉伯咖啡壺

土耳其

十六世紀左右，咖啡傳入土耳其地區，逐漸演變為人們熟知的土耳其咖啡。在沖煮時，會將咖啡粉、冷水和糖一併放入土耳其的**咖啡銅壺（ibrik）**中，用小火慢慢的烹煮，在過程中反覆且緩慢的注水及攪和，約 15 分鐘後，即可完成土耳其咖啡。

↗ 土耳其咖啡銅壺（ibrik）

值得一提的是，土耳其咖啡在飲用時，不會特別將咖啡粉濾掉，飲用後，杯底會有濃稠的咖啡粉。這時候，土耳其人會邀請你將咖啡杯倒蓋，靜置一會兒，再翻開來觀察咖啡渣所呈現的圖像，進行**咖啡渣占卜**，增添了喝咖啡的趣味性。在中東地區，咖啡文化與宗教密不可分。

↗ 土耳其咖啡渣占卜

義大利

南歐義大利地區的咖啡，以飲用深度烘培的咖啡豆為主，由義式咖啡機以高溫高壓萃取（extraction），咖啡的表面會形成金黃油沫，製成**濃縮咖啡（Espresso）**。

咖啡占據義大利人生活很大一部分，人們從早到晚都會飲用咖啡，不論在家中、街頭或是校園內，而且品嚐的時間不拖泥帶水，通常一口就喝完。

↗ 濃縮咖啡（Espresso）

法國

走在法國的街頭，到處可見充滿特色的咖啡館，每個法國人都有自己屬意的咖啡館，不會任意改變，連坐位和飲用時間也有個人的習慣。因此，當顧客走進咖啡店裡時，不需要主動與店員點餐，店家便會自動送上顧客平常所點選的咖啡飲品，並配上一盤色香味俱全的點心，供客人享用，並提供書報刊物，讓客人在咖啡館裡閱讀。

↗ 巴黎街頭咖啡廳

美國

在美國，咖啡也是生活的一部分，通常會使用美式咖啡壺來烹煮咖啡，這和義大利人快速沖煮與飲用的習慣不一樣。美式咖啡機在烹煮時，是將咖啡粉放入帶有濾網的漏斗中，然後置入機器內，以熱水慢慢地注入，因此所產生的風味較平淡。

早上起床之後，美國人通常以美式咖啡機沖煮咖啡，來展開一天的生活。由於美式咖啡機有保溫的效果，所以在工作的空檔中，可以來一杯熱騰騰的咖啡。在飲用時，也會習慣搭配牛奶和糖。

日本

日本不是咖啡的產區，但因為出色的後製烘焙技術，以及將咖啡與香料作創意的配搭，使得日本的咖啡文化頗為聞名。

日本人在飲用咖啡時，講究色、香、味俱全，所烘焙的咖啡培度較深，常配搭的香料為檸檬汁、肉桂粉、柳丁、鮮奶油、薄荷或可可粉。而日本著名的抹茶文化，亦與咖啡結合，形成所謂的「綠茶咖啡」。

此外，冰品咖啡系列也和日本的咖啡文化息息相關，例如冰拿鐵咖啡、冰摩卡咖啡、冰淇淋咖啡、雞尾酒咖啡等。

↗ 美式咖啡壺

↗ 抹茶咖啡

↗ 冰淇淋咖啡

越南

越南曾經是法國的殖民地,因此在咖啡文化上,有承襲法國咖啡文化的味道。走在胡志明市的街頭中,隨處可見許多不同的咖啡店,有路邊攤式、小咖啡店、連鎖咖啡店,也有許多國外來開設的咖啡店,其中以來自菲律賓的高地咖啡(Highlands Coffee)最成功,商品多元,吸引許多年輕人。而當地發展最成功的當屬中原咖啡(Trung Nguyen),越南最大的即溶咖啡品牌 G7,也是中原咖啡的旗下品牌。

越南咖啡所使用的咖啡豆品種為**羅布斯塔**(Robusta), 風味較苦澀,加上習慣以深烘焙的方式處理,因此會加入大量的煉乳及糖進行調和。此外,由於當地氣候炎熱,因此在飲用上以冰咖啡為大宗。

泰國

泰國為咖啡的出產國,產地多在清邁和泰緬邊界。飲用特色為多糖、多奶,其中又以三合一沖泡式咖啡居多,單品咖啡或膠囊咖啡較少。這和泰式料理有關,藉由飲品的甜味,緩和用餐後在口內殘餘的辣味。

國際知名連鎖咖啡集團星巴克在進入泰國時,也融入了多糖、多奶的咖啡飲用習慣,因此在泰國的星巴克咖啡店內放有大壺的糖漿,供消費者自行添加。

↗ 高地咖啡商標

↗ 中原咖啡商標

↗ 越南滴漏咖啡壺

↗ 泰國咖啡攤

↗ Kopi Tubruk（保留咖啡渣的飲用方法）

三大咖啡樹品種

🔹 阿拉比卡（Arabica）

目前最廣泛種植的咖啡樹種，味道香醇，品質較佳。占世界咖啡產量 69%。

🔹 羅布斯塔（Robusta）

苦味較明顯，咖啡因含量較高，用於即溶咖啡或三合一咖啡。占世界咖啡產量 30%。

🔹 利比利卡（Liberica）

產量極少，風味比較次等。僅占世界咖啡產量 1%。

印尼

印尼為咖啡出產的大國，但品質好的咖啡幾乎都外銷至國外，當地人僅能品嚐到次等的咖啡，幸而當地藉由精良的烘焙方式，使豆子可以呈現出最佳的風味。

當地常見的咖啡飲用方式為 Kopi Susu（咖啡搭配煉乳）和 Kopi Tubruk（保留咖啡渣的飲用方法），值得一提的是，印尼許多的咖啡會加入玉米粉，以提高咖啡的稠度及甜度。

馬來西亞

馬來西亞的咖啡飲用方式，與鄰近國家的印尼、越南相似，皆是加入糖或煉乳進行飲用。馬來西亞的**白咖啡**頗為知名，而白咖啡為即溶咖啡的一種，故即溶咖啡在馬來西亞的咖啡文化中，占有一席之地。

馬來西亞的居鑾（Kluang）是咖啡產區，主要種植阿拉比卡（Arabica）、羅布斯塔（Robusta）和少量的利比卡豆（Liberica），並且會調和成具有當地特色的風味，而生活在居鑾的居民，平日口中的「喝茶」，大部分是喝咖啡的同義詞。

參　台灣的咖啡發展

1　清朝年間（1884–）

台灣咖啡的生產歷史，可分為四個階段。根據史料的記載，咖啡最早引進台灣的時期，大約在 1884 年期間，當時，商船上載著來自**菲律賓**的咖啡樹苗，進入台灣，並種植於台北**三峽**地區。

2　日治時期（1895–1945）

第二階段為日本殖民時期，當時的日本人由**爪哇**地區引進咖啡，首先種植於屏東**墾丁**一帶，接著在全台各地開始種植咖啡，而台灣幾個著名的咖啡產區，也在這個階段形成，例如雲林古坑荷苞山、台南東山、南投魚池、南投惠蓀農場或花蓮瑞穗等。

24

當時，在全盛時期，全台咖啡種植面積約為一千多公頃。但好景不常，後來遭逢第二次世界大戰，台灣的農作改以糧食為主，因此逐漸不再種植咖啡樹。

3 二戰之後（1954–）

一直到了 1954 年，由於國際咖啡市場的因素，政府開始鼓勵農民種植咖啡，並在雲林**斗六**建立了當時全亞洲最大的咖啡加工廠。

但經過約十年的時間，台灣咖啡的品質和價格因為無法與咖啡大國產區（中南美洲、非洲）競爭，咖啡的產量和種植面積又再次的下降。

4 九二一地震之後（1999–）

直至 1999 年 921 大地震後，政府為了振興災區的經濟，推行「一鄉一特色」的政策，以咖啡當作**雲林古坑**的代表產物，並辦理雲林古坑咖啡節等活動，再次興起台灣咖啡的旋風，連帶著也帶動過去咖啡產區的咖啡種植，例如南投、屏東、花蓮及台東等地區，近年的咖啡產量亦逐年的上升。

不過，這個階段的咖啡種植，不像過去以量取勝，而是向**精品咖啡**的市場經營。

二、台灣的咖啡文化發展

綜觀台灣咖啡的文化，深受美國和日本的影響。在日本殖民時期，台北大稻埕開設了許多的咖啡館和西餐廳，台灣民眾開始接觸與認識咖啡。在當時，品嚐咖啡的人口大多為能夠負擔西餐廳高檔價位的權貴階級，以及對於藝文有極高興趣的文人雅士，一杯咖啡要大約台幣 200 元上下。

此外，日本人在將咖啡文化帶入台灣之際，也將「女給文化」帶進台灣，所以咖啡館在當時給人「不良場所」的印象，也因此，咖啡起初在台灣發展較不普及。

1980 年代，即溶咖啡風行全球，咖啡的價格大幅降低，逐漸開始被台灣的民眾所接受。1998 年，美國咖啡店連鎖集團星巴克進入台灣的咖啡市場，其價格遠低於台灣當時咖啡館和西餐廳的消費價格，翻轉台灣民眾對咖啡「貴又高不可攀」的印象。

到了 2000 年，台灣的平價咖啡館如雨後春筍般地開設，台灣民眾對咖啡的接受度與認知，亦隨之提高。時至今日，咖啡已經逐漸成為台灣民眾生活中不可或缺的元素。

時至今日，台灣民眾對於咖啡的需求，也從早期以提神飲料為主，逐漸轉換為咖啡的品評與健康考量，開始注重咖啡的產區、風土、烘焙及處理法，也就是當今所謂的「**第三波咖啡革命**」。消費者要的不僅是一杯好咖啡，還能沖出自己專屬的咖啡。

咖啡的發展潮流

第一波咖啡革命
即溶咖啡問世，咖啡市場大眾化。

第二波咖啡革命
花式咖啡風行，咖啡文化迅速發展，星巴克是主要的代表。

第三波咖啡革命
精品咖啡出現，從選豆到烹製皆個人化，並強調品味、健康和環保。

參考文獻

▸ 范婷，（2000），從波麗露到星巴克：台灣咖啡文化的歷史分析，傳播文化》（2000 年第 8 期），48–49。
▸ 林楓，（2010），臺灣的咖啡及其文化含意，中國飲食文化，6（1），25。

三、台灣的咖啡種植與產量

近年來,因為咖啡市場龐大商機,加上農業技術優良,台灣咖啡栽種的面積快速擴展。台灣咖啡的主要產區包括:

- 雲林縣古坑鄉
- 南投縣仁愛鄉、國姓鄉
- 嘉義縣阿里山鄉、中埔鄉
- 台南市東山區
- 高雄市茂林區
- 屏東縣三地門鄉、泰武鄉
- 台東縣太麻里鄉、達仁鄉
- 花蓮縣富里鄉

縣市名稱	種植面積 (公頃)	收穫面積 (公頃)	收量 (公噸)
台東縣	177.26	176.76	148.08
嘉義縣	133.25	132.75	133.95
南投縣	136.58	136.58	117.21
屏東縣	218.98	218.98	116.52
高雄市	135.54	135.44	104.80
雲林縣	52.70	52.50	55.81
台南市	54.49	54.49	54.64
花蓮縣	70.30	69.24	39.13

台灣各地區的咖啡種植面積與產量

▶ 表中產量為咖啡果實重量,台灣咖啡果實對生豆換算比約為 6:1。
▶ 資料來源:行政院農委會農糧署(民國 105 年資料)

四、台灣的咖啡價格

依種植海拔或生豆評鑑，台灣目前的咖啡
生豆價格，一公斤約 600–1,200 元，估
計生豆產值約 5 億 6 千萬元。又依生豆評
鑑品質，經過烘焙後的咖啡熟豆，一磅約
800–2,500 元。

● 台灣咖啡生豆價格：一公斤 600–1,200 元
● 台灣咖啡熟豆價格：一磅 800–2,500 元

台灣咖啡因為種植的面積小、坡度高，成
熟的咖啡漿果須以人工採摘（成本高），
無法使用機器大量採收（低成本），因此
咖啡生豆平均的生產成本，一公斤約 400–
450 元。

相較於國外大量種植及進口的咖啡生豆平
均價格 150–300 元／公斤，兩者價差約
4–5 倍，因此較難競爭。不過，因為全球
咖啡市場消費者的食安觀念提高，愈來愈
重視咖啡的生產過程和生豆的品質評鑑，
這種趨勢有利於台灣咖啡農的未來前景。

↗ 罐裝咖啡

↗ 即溶咖啡包

↗ 現沖（煮）咖啡

五、台灣的咖啡市場

台灣的咖啡市場，目前主要分為三塊：

- 罐裝咖啡
- 即溶咖啡包
- 現沖（煮）咖啡

根據行政院農委會農糧署統計資料顯示，2012 年，台灣的咖啡消費金額已達 500 億台幣。當年度，咖啡市場銷售金額資料指出，台灣的咖啡消費金額為：

- 便利超商（統一、全家等）：74 億元
- 獨立或連鎖咖啡店：79 億元

以上兩者的消費總金額高達 153 億元，如果再加上其他的咖啡相關產品，咖啡產值高達 500–600 億，而且金額逐年大幅成長。

▶ 資料參考：行政院農委會農糧署
http://agrstat.coa.gov.tw/sdweb/public/inquiry/InquireAdvance.aspx 行政院農委會

第二章

[咖啡成分與健康]

壹　揮發性與
非揮發性物質

咖啡熟豆依據其組成的成分特性，大致上可以分成兩大類：

💧 揮發性物質
💧 非揮發性物質

在製作成咖啡飲品後，這些成分對於咖啡的風味品質和人的健康都有很重要的影響，而咖啡飲品成分的組成比率則與種植、後製處理、烘焙甚至沖煮方式息息相關。

一、揮發性物質

所謂**揮發**（volatile），是指在常溫常壓下，有機物以氣體的狀態存在。這類物質通常有著分子量小、多帶有特殊的氣味，以及高蒸氣壓的特性。因此咖啡的揮發性成分，也造就成為咖啡香氣（aroma）主要的來源，當然這其中也包含了不討喜的異味（odor）。

根據《咖啡香味化學》*Coffee Flavor Chemistry*,（Flament and Bessière-Thomas）記載，目前在咖啡熟豆中已被確認結構的香氣物質就已經有 850 種，而生豆含 300 種香氣物質，熟豆含 850 種的香氣物質，這其中有 200 種是在生、熟豆中都會存在，另外有 650 種的香氣則是熟豆所特有，換句話說，也就是經由烘焙所創造出來的。

就目前已被確認的揮發性物質來看，化學結構基本上可以分成 17 大類：

Coffee

Fruit　Raw　Roasted
咖啡果實　生豆　熟豆

生豆特有物質約 100 種　生、熟豆均有物質約 200 種　熟豆特有物質約 650 種

1. 碳氫化合物（Hydrocarbons）
2. 醇類（Alcohols）
3. 醛類（Aldehydes）
4. 酮類（Ketones）
5. 酸及酸酐（Acids and Anhydrides）
6. 酯類（Esters）
7. 內酯類（Lactones）
8. 酚類（Phenols）
9. 呋喃及吡喃類（Furans and pyrans）
10. 噻吩類（Thiophenes）
11. 吡咯類（Pyrroles）
12. 噁唑類（Oxazoles）
13. 噻唑類（Thiazoles）
14. 吡啶類（Pyridines）
15. 吡嗪類（Pyrazines）
16. 含硫類物質
17. 結構未確定含氮物質

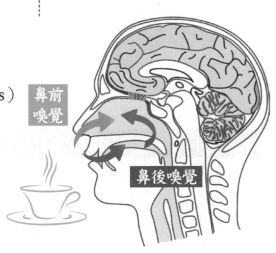

鼻前嗅覺

鼻後嗅覺

↗ 品飲咖啡時，接受咖啡香氣的途徑。

這些揮發性氣體造就了咖啡特有的香氣，它們經由品飲前的**鼻前嗅覺**、品飲後的**鼻後嗅覺**途徑，刺激分布在鼻腔的嗅覺神經，經由神經傳導至腦部，產生令人愉悅或厭惡的情緒反應。因此在**咖啡杯測**（coffee cupping）時，咖啡揮發性物質透過乾、濕香氣的刺激，也成為評分的依據。

咖啡的揮發性物質中多有對身體健康影響之成分，長期且大量暴露在這些揮發性物質的環境，將對身體造成一定程度的影響。例如，長期吸入在咖啡烘焙或爆米花製作過程中產生的**丁二酮**，將會對肺部造成不可回復的傷害。因此，對於操作烘焙設備的人員，應處於通風良好的環境，甚至配戴口罩等過濾裝備。

然而對於品飲咖啡的民眾，因接觸的劑量極小以及時間短暫，不至於造成影響，可免除這方面的顧慮，好好享受咖啡所帶來的香氣。

↗ 咖啡杯測時，以嗅覺評判咖啡的揮發性香氣。

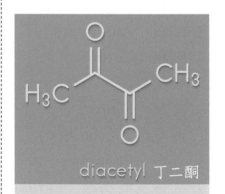

diacetyl 丁二酮

丁二酮

一種天然發酵副產品，也被當作食品添加劑，以增加口感與風味。

長期吸入加熱後的丁二酮，對身體健康具危害性。

二、非揮發性物質

在常溫常壓下，咖啡的成分有著不易揮發的特性，大致可分成以下幾類：

1. 碳水化合物（醣類、纖維素）
2. 含氮類物質的蛋白質（含胺基酸）
3. 生物鹼（含咖啡因、葫蘆巴鹼）

梅納反應
Maillard reaction

當醣類（還原糖）和蛋白質（胺基酸）一起在攝氏140度以上的高溫加熱時，會產生褐變，開始出現特別的香氣與口感。

4. 脂質（雙萜類）
5. 礦物質
6. 有機酸（綠原酸等）

在這其中，又以綠原酸、咖啡因、葫蘆巴鹼、雙萜類等含量較高且具有生物活性，而其中某些成分經過烘焙之後，可再進一步轉變成影響風味的物質。

咖啡的**碳水化合物**（包含纖維素、蔗糖、還原醣等）占生豆一半以上的比重，在烘焙的過程中，會透過進行「**梅納反應**」（Maillard reaction）、**焦糖化反應**（caramelization）或是**直接降解**（degradation）等方式，轉換成許多種揮發性香氣物質，這是咖啡香氣和風味的主要來源。

此外，尚有各類型的**酸性物質**，例如綠原酸、檸檬酸、蘋果酸、奎寧酸等，貢獻了不同的酸質。在眾多的酸性物質中，又以綠原酸的含量最高。綠原酸具有非常好的抗氧化能力，可以當作日常飲食中抗氧化物質的來源。

焦糖化反應
caramelization

當醣類（還原醣）在沒有蛋白質（胺基酸）的情況下，攝氏140度以上的高溫加熱時，糖因為脫水和降解，產生的褐變反應。

生豆成分一覽表

| 阿拉比卡 Arabica | 羅布斯塔 Robusta |

碳水化合物（纖維等）	阿拉比卡 Arabica	羅布斯塔 Robusta 含量（克／百克）
蔗糖（sucrose）	6.0–9.0	0.9–4.0
還原醣（reducing sugar）	0.1	0.4
多醣（polysaccharide）	34–44	48–55
木質素（lignin）	3.0	3.0
果膠（pectin）	2.0	2.0
含氮類物質		
蛋白質	10.0–11.0	11.0–15.0
胺基酸	0.5	0.8–1.0
咖啡因	0.9–1.3	1.5–2.5
葫蘆巴鹼	0.6–2.0	0.6–0.7
脂質		
咖啡油脂	15–17.0	7.0–10.0
二萜類	0.5–1.2	0.2–0.8
有機酸		
綠原酸	4.1–7.9	6.1–11.3
脂肪酸	1	1
奎寧酸	0.4	0.4
其他		
礦物質	3.0–4.2	4.4–4.5

貳　咖啡的主要成分

↗ 咖啡生豆

	醣分子數	例如
單醣	1	葡萄糖
雙醣	2	蔗糖
寡醣	3–10	
多醣	數百到數千	膳食纖維

一、碳水化合物（carbohydrate）

在生豆的成分中，碳水化合物占了超過 50% 的量。依據組成特性，碳水化合物可以細分為：

- 單醣（monosaccharides, simple sugars）
- 雙醣（disaccharide）
- 寡醣（oligosaccharide）
- 多醣（polysaccharide)

單醣

在咖啡生豆發育中，單醣扮演的角色多是參與**蔗糖**和**多醣**的建構，可以用原料的概念來看待，因此在成熟的生豆裡，單醣的含量較低。以葡萄糖為例，在種子發育過程中，含量可從最高的 8–12%，降至成熟時的 0.03%（Rogers, Michaux et al., 1999）。

常見的單醣有半乳糖、葡萄糖、果糖、甘露醣等，但總加起來都不超過生豆的 0.5%。

雙醣

蔗糖（sucrose）是由一分子的葡萄糖與一分子的果糖結合所形成的雙醣，其含量在種子的發育過程中逐漸增加，在成熟期達到頂點。**阿拉比卡種**咖啡豆的蔗糖含量較多，最高可達 9%，**羅布斯塔種**的蔗糖含量較少，平均含量約 4.5%（Murkovic and Derler, 2006）。

蔗糖是咖啡中重要的碳水化合物，也是咖啡風味的來源，蔗糖與咖啡的品質息息相關，主要是因為在烘焙中可降解形成無水醣、轉化醣（葡萄糖和果醣）等，這些物質可以進一步進行**焦醣化反應**和**梅納反應**（轉化醣），形成各式的咖啡風味和顏色。

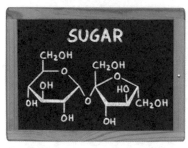

↗ 蔗糖化學式

多醣

多醣類物質主要參與咖啡細胞壁結構和儲存性多醣（cell wall storage poly-saccharide, CWSP）的形成，其中**細胞壁**主要由纖維素（cellulose）所組成，**儲存性多醣**（CWSP）則是以半纖維素（hemicellulose）的型式存在。

纖維素為葡萄糖聚合而成的多醣；**半纖維素**為阿拉伯半乳聚醣（arabinogalactan）、甘露聚醣（mannan）、半乳甘露聚醣（galactomannan）所構成的多醣類（Redgwell and Fischer 2006, Buckeridge, 2010）。

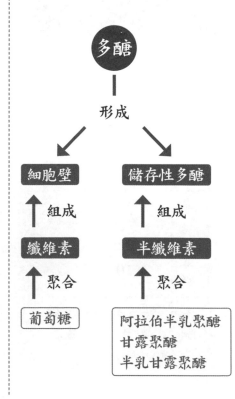

在種子萌芽時，儲存性多醣的作用可以水解成單醣，提供植株萌芽期成長所需之養分與能量。

二、綠原酸

綠原酸（chlorogenic acid, CGA）屬於天然的酚類物質，除了在咖啡種子可以找到，還常出現在蘋果、葡萄、李子、茶葉上。綠原酸具有多種功效，例如：

- 抗氧化
- 化學保護
- 抗菌

綠原酸和**咖啡因**都屬於次級代謝產物（secondary metabolites），是植物為適應環境變化所產生的。環境變化主要是指遭遇到極端環境（stress condition），例如過多的日曬導致紫外線對植物造成傷害（此時咖啡種植需要遮陰），或是遭受病害、昆蟲啃食等，這些都會刺激綠原酸的製造。

綠原酸對紫外線所造成的輻射有保護作用（Clé, Hill et al., 2008），對昆蟲的消化道也具有微毒性，可以有抵抗蟲害的功效（Leiss, Maltese et al., 2009）。因此，綠原酸含量的多寡，也反映了生豆的生長狀況。

綠原酸分布在咖啡種子的胚乳區，並在萌芽的過程中加入胚芽子葉的細胞壁與木質素結合（Aerts and Baumann, 1994）。綠原酸的含量與海拔成反比，在高海拔、有遮陰的種植條件下，植物受到環境壓力較少，綠原酸的產生也就相對較低。

在品飲咖啡上，由於綠原酸會產生**澀感**，因此可以選購高海拔、有遮陰（或半日照）等種植條件的產品。

綠原酸的結構

綠原酸由**咖啡酸**（caffeic acid）和**奎寧酸**（quinic acid）兩種分子結合而成的。**咖啡酸**的結構帶有苯環和羥基，屬於**酚酸**。咖啡酸和奎寧酸進行酯化反應，脫水縮合而成。

咖啡酸的羧基和奎寧酸 3 號碳上面的羥基形成酯鍵而成，因此又稱為 **3-CQA**（3-O-caffeoylquinic acid）。

caffeic acid 咖啡酸

quinic acid 奎寧酸

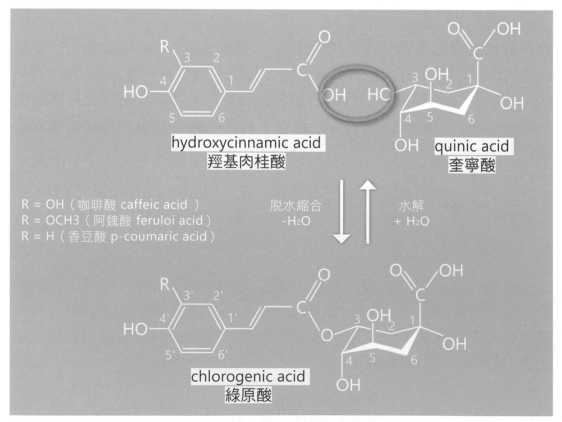

hydroxycinnamic acid
羥基肉桂酸

quinic acid
奎寧酸

R = OH（咖啡酸 caffeic acid）
R = OCH3（阿魏酸 feruloi acid）
R = H（香豆酸 p-coumaric acid）

脫水縮合
-H$_2$O

水解
+ H$_2$O

chlorogenic acid
綠原酸

↗ 羥基肉桂酸與奎寧酸形成綠原酸之反應圖

在綠原酸的結構裡面除了咖啡酸，還有另外兩種與咖啡酸結構相近**阿魏酸**（feruloi acid）和**香豆酸**（coumaric acid），兩者與咖啡酸皆屬於**莽草酸途徑**（shikimic acid pathway）的產物，也都可以與奎寧酸結合，形成其他形式的綠原酸（3-FQA 與 3-CoQA），不過仍以 CQA 為大宗。

上述**酚酸**（咖啡酸、阿魏酸、香豆酸）也可以和**奎寧酸**的第 4、5 號碳上面的羥基形成酯鍵，因此可形成 4-CQA、5-CQA、4-FQA、5-FQA、4-CoQA、5-CoQA 等，均屬於綠原酸（Farah and Donangelo, 2006）。

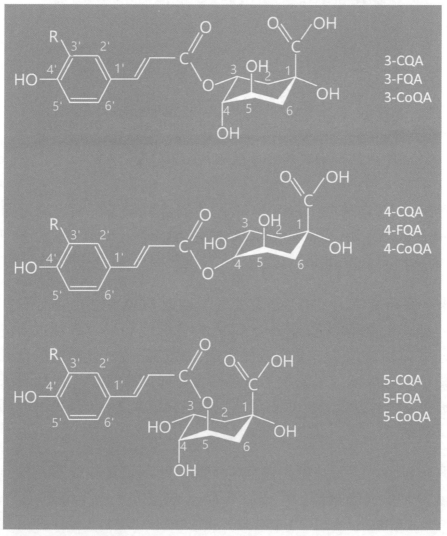

↗ 綠原酸的形式

此外，科學家們發現，奎寧酸不只可以和一個酚酸產生酯鍵，也可以同時接上兩酚酸，兩個咖啡酸分別和奎寧酸的 3、4 號碳上的位置形成酯鍵，便產生了 **di-CQA**。而結合的位置也不局限於 3、4 號碳，3、5，4、5 和 3、5 號碳的結合，在綠原酸中都有發現。

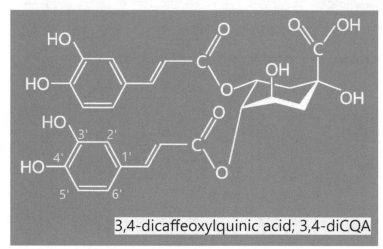

↗ 兩個咖啡酸與奎寧酸形成di-CQA

在多樣的 CQA 結構中，以 5-CQA 所占的含量最高，約占總綠原酸含量的 56–62%，而 3-CQA 和 4-CQA 共占約 10%，di-CQA 占約 15–20%（Farah and Donangelo, 2006）。

近年來，有研究指出，綠原酸在生豆早期以 **FQA** 為主，多分布在硬胚乳區域，但是在發育晚期的時候，**CQA** 則會取代 FQA，成為主要的綠原酸形式，而 CQA 主要分布是在軟胚乳區，目的是在日後當位於軟胚乳的胚芽萌發時，可以移到子葉與木質素結合，形成細胞壁。如此一來，新生的植株便具有一些抗紫外線以及抗昆蟲啃食的能力。（Garrett, Rezende et al. 2016）

綠原酸含量會在果實成熟的過程中下降，隨著果實越成熟，綠原酸的含量會越少。有文獻指出，可以從 8.7%（未成熟），下降至 1.3%（過熟果 over-ripened）（Farah and Donangelo, 2006）。綠原酸容易在品飲咖啡產生**苦澀感**，因此採收成熟的生豆，可避免過多的綠原酸。

caffeine 咖啡因

↗ 愈深烘焙的咖啡，咖啡因的含量比率可能比較高。

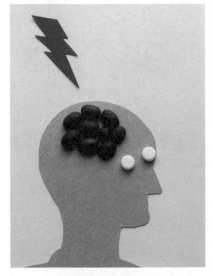

↗ 咖啡因能夠穿越血腦屏障，對中樞神經系統產生作用。

三、咖啡因（caffeine）

咖啡因（或稱三甲基黃嘌呤）是一種從**黃嘌呤**（xanthine）衍生出來的次級代謝產物、且具苦味的生物鹼（alkaloid），在咖啡中占了 10% 的苦味來源 ☆。

☆ **咖啡主要的苦味來源**：是在烘焙過程中，綠原酸分子進行分子內脫水，而形成的綠原酸內酯。

咖啡因對熱穩定，不會因烘焙而降解，但由於過程中水分蒸發，因此咖啡因會先初步形成含水咖啡因結晶（caffeine hydrate），若是持續加熱，含水咖啡因則會直接**昇華**（sublimation）。由於烘焙也會造成其他物質的流失，流失幅度甚至比咖啡因昇華還大，因此，在較深烘焙的咖啡中，咖啡因的含量比率可能較高。

咖啡因含量會隨豆種不同而有所差異，例如阿拉比卡生豆的咖啡因含量為 0.9–1.3%，羅布斯塔種的含量則是 1.5–2.5%。

咖啡因對於昆蟲的胃腸道有刺激作用，因此可以降低昆蟲對植物的啃食。咖啡因也可能造成人類的胃腸道不適，同時它也會刺激大腸蠕動，因此早晨空腹飲用咖啡時容易造成腹瀉。

咖啡因由於**官能基**（functional group）的結構同時具有水溶性和脂溶性的特性，攝入後 15 分鐘左右，就可以在血液中測得，而且可以很容易地穿越血腦屏障，作用在中樞神經系統。

咖啡因是一種中樞神經興奮劑，低劑量時可以增加學習效果，提高肢體的靈敏度，提升代謝效率，甚至提振心情。但是在高劑量時，則會出現焦慮、心跳加速、失眠等負面效果。

咖啡因在肝臟代謝，其半衰期因體質而異，通常約為五小時，因此睡前喝咖啡有可能會導致失眠。

↗ 睡前五小時左右喝咖啡，有可能會導致失眠。

四、葫蘆巴鹼（trigonelline）

葫蘆巴鹼（或稱 N 甲基菸鹼酸）也是一種具有苦味的生物鹼。最早是在葫蘆巴中被發現，因而稱為葫蘆巴鹼。

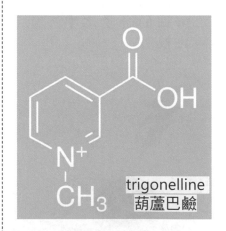

trigonelline
葫蘆巴鹼

葫蘆巴鹼從**吡啶類**（pyridine）**核苷酸**（nucleotides, NADP）代謝而來的，很多植物都可以發現到它的存在。

在植物產生葫蘆巴鹼的代謝中，**菸鹼酸**（nicotinic acid, niacin）是其前身，經由葫蘆巴鹼合成酶將其甲基化而得。

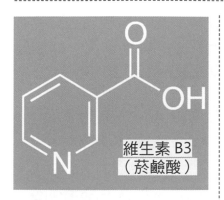

維生素 B3
（菸鹼酸）

甲基吡啶
（NMP）

HDL

↗ 高密度脂蛋白
（high-density
lipoprotein）

LDL

↗ 低密度脂蛋白
（low-density
lipoprotein）

在咖啡種子中，葫蘆巴鹼的含量約有 1–3%，而在人工去咖啡因的過程中，葫蘆巴鹼也會被移除，因此含量比正常的生豆要少，約占 35%。

許多實驗已經證實，葫蘆巴鹼可以降低血漿中葡萄糖和三酸甘油酯（triglycerides, TG）的濃度，也可以降低肝臟和脂肪細胞的三酸甘油酯，具有抗糖尿病的功效（Zhou, Zhou et al., 2013）。

此外，葫蘆巴鹼對人體具有抗癌細胞侵襲、減緩因糖尿病引起的骨質疏鬆、防阻細菌附著在牙齒上、預防齲齒等功效。對於嗜飲咖啡的人來説，咖啡是葫蘆巴鹼的重要補充來源。

在烘焙過程中，部分的葫蘆巴鹼會轉變成菸鹼酸（也就是維他命 B3）或是 N- 甲基吡啶（N-methylpyridinium, NMP），也有人藉由分析葫蘆巴鹼與菸鹼酸之間的比率，來推測烘焙程度。吡啶類物質也是咖啡主要的香氣來源。

人均咖啡消耗量高的國家，飲用咖啡是維他命 B3 的重要來源，而維他命 B3 具有提高好膽固醇（高密度脂蛋白，HDL）、降低壞膽固醇（低密度脂蛋白，LDL）、降低血脂的功能。

N- 甲基吡啶（NMP）比較不容易代謝，在對細胞株的實驗中已證實具有多種作用，包括化學預防（chemoprevention）、抗氧化作用、抑制胃酸分泌的功能，具防止胃潰瘍的功效（Weiss, Rubach et al., 2010）。

此外，N- 甲基吡啶也已經證實會加速細胞對葡萄糖的代謝，在有氧呼吸下，此促使粒線體合成能量（ATP）（Riedel, Hochkogler et al., 2014）。

五、咖啡脂質（coffee lipids）

阿拉比卡種咖啡的脂質，占生豆含量約 15%，羅布斯塔則占約 10%。依據化學特性，咖啡脂質可以分為三大類（Speer and Kölling-Speer, 2006）：

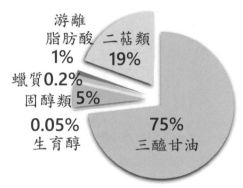

↗ 咖啡脂質所占之比重

● 皂化物質（saponifiable）
● 非皂化物質
● 蠟質（wax）

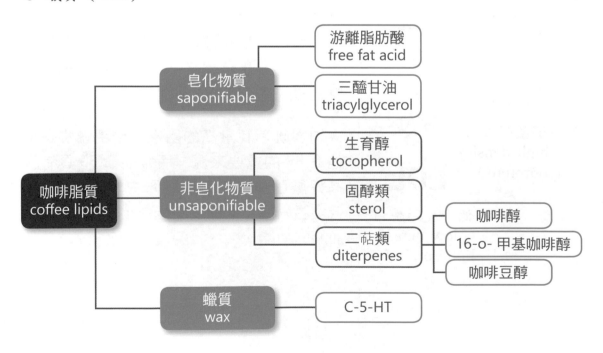

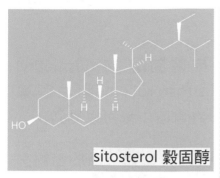

sitosterol 穀固醇

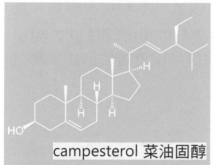

campesterol 菜油固醇

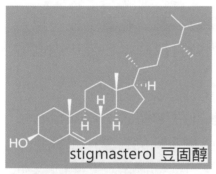

stigmasterol 豆固醇

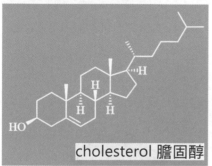

cholesterol 膽固醇

↗ 常見於咖啡的固醇類
物質與動物性膽固醇
的結構比較

1 皂化物質（saponifiable）

咖啡主要的脂質為**皂化物質**，俗稱咖啡油（coffee oil），分布在內胚乳中，成分以**脂肪酸**（fatty acid）為主。脂肪酸很少單獨存在，因此生豆的游離脂肪酸（free fat acid）含量不高，約只有生豆的 0.1%，它多與甘油酯化成**三醯甘油**（triacylglycerol）的形式，占約咖啡脂質的 75%。

脂肪酸也會與二萜類物質酯化結合，另有少部分則與**固醇類**酯化結合（Speer and Kölling-Speer, 2006）。大部分的脂肪酸都是不飽和，常見的 18 碳的油酸、亞麻油酸、次亞麻油酸都在咖啡中被發現，分別占約 11%、46%、1%。

2 非皂化物質

咖啡的非皂化物質組成有**固醇類**（sterol）、**生育醇**（tocopherol，維生素E），以及**二萜類**（diterpenes）的咖啡醇（cafestol）、咖啡豆醇（kahweol）等。另外，有少部分的蠟質（Coffee wax）在生豆的外層形成。

1 咖啡固醇

屬於咖啡油脂的固醇，化學結構以 **4- 去甲基固醇**（4-desmethyl sterols）為主，例如植物常見的穀固醇（sitosterol）、菜油固醇（campesterol）、豆固醇（stig-masterol），在咖啡中都可以見到。

咖啡固醇約占總固醇含量的 93%。有趣的是最為人熟知、屬於動物固醇的膽固醇（cholesterol）也被發現，但含量很低，不到總固醇類含量的 1%。而 4- 甲基固醇以及 4,4- 二甲基固醇（4-methyl, 4,4-dimethyl sterols），則分別占約 2%、5%。約 40% 的固醇是以游離的形式單獨存在，60% 與脂肪酸酯化結合。

固醇類的功效特色

從植物固醇的結構，可以得知它們與膽固醇類似，因此在胃腸道可以競爭同一個接受器，進而阻斷膽固醇的吸收，所以可以降低血液中膽固醇的數值。

國內外也有許多研究顯示，植物固醇可以降低血液中總膽固醇與低密度脂蛋白（LDL）。咖啡中的固醇類，占咖啡油脂約 5% 的含量，換算生豆約占 0.5%，因此很難僅以品飲咖啡來攝取所需的植物固醇，仍需從其他食物或是營養品補充。

2 二萜類（diterpenes）物質

存在於咖啡油脂中，含有五環呋喃結構、含量豐富（約占咖啡脂質 20% 的含量）的二萜類物質，是咖啡所特有的脂類，目前尚未在其他植物中被發現。

咖啡的二萜類主要有三種結構：

- 咖啡醇（Cafestol）
- 16-o-甲基咖啡醇（16-o-methyl-cafestol）
- 咖啡豆醇（Kahweol）

二萜類物質的含量，和咖啡的品種及產地有關：

- 咖啡醇和咖啡豆醇：存在於阿拉比卡種咖啡中。
- 咖啡醇和16-o-甲基咖啡醇：主要分布在羅布斯塔種的咖啡內。

這些二萜類物質很少會單獨存在，他們大多會與**游離脂肪酸**以酯化作用結合在一起。二萜類物質在不同品種的分布現象，使得它們可以當作是品種鑑定的指標，其中**16-o-甲基咖啡醇**因為結構穩定、在烘焙前後，含量與結構不受影響，在商業上已發展成很好的品種鑑別物質。

生物作用

在生物作用上，咖啡醇和咖啡豆醇具有預防癌症、抗發炎、刺激細胞內產生抗氧化機轉，以及引發癌細胞細胞凋亡等功能（Nkondjock, 2009）。

此外，在體內也可引發黃麴毒素（aflatoxin B1）的解毒機轉，對肝臟具有保護作用。

Left:

阿拉比卡	羅布斯塔
咖啡醇＋咖啡豆醇	咖啡醇＋16-o-甲基咖啡醇

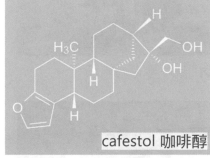

cafestol 咖啡醇

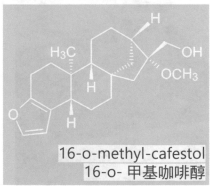

16-o-methyl-cafestol
16-o-甲基咖啡醇

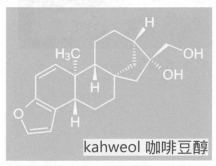

kahweol 咖啡豆醇

↗ 咖啡的二萜類物質

第二章 咖啡成分與健康

貳 咖啡的主要成分

49

但在另外一方面，它們也被證實在體內會抑制低密度脂蛋白（LDL）接受器的活性（尤其是咖啡醇），這會導致血液裡總膽固醇、低密度脂蛋白（LDL）、三酸甘油酯的濃度增加，提高了心血管疾病的風險。

不同的出煮方式也會造成二萜類物質在咖啡裡的含量，根據研究顯示，未經濾紙過濾的咖啡（例如法國壓、土耳其式咖啡、北歐式沖煮），會含有高量的二萜類物質，而透過濾紙或濾布的過濾，可以有效的將這些物質從咖啡中移除。

在烘焙過程中，咖啡醇和咖啡豆醇會脫水，形成去水咖啡醇和去水咖啡豆醇；**16-o- 甲基咖啡醇**的含量則不受烘焙而影響。

3 咖啡蠟質（coffee wax）

咖啡的蠟質分布在種子外層，約占生豆重量 0.2–0.3% 的比重，主要成分是**羧酸 5- 羥色胺**（5-hydroxytryptamides of carboxyl acids, C-5-HT），其中 **5- 羥色胺**就是**血清素**。因此咖啡蠟質的結構即是以血清素為主體，與飽和脂肪酸結合的延伸物。

飽和脂肪酸的部分常見的有 20 碳的花生酸（arachidic acid）、22 碳的山崳酸（behenic acid）和 24 碳的木蠟酸（lignoceric acid）。

↗ 法國壓咖啡

↗ 土耳其式咖啡

咖啡蠟質（C-5-HT）是咖啡造成胃部不適（stomach irritation）的主要原因之一，它透過刺激胃黏膜細胞分泌胃酸引發潰瘍反應。而拋光、蒸氣去蠟和去咖啡因等處理，可降低其含量。此外約有 20–50% 的 C-5-HT 也會隨著烘焙而減少。經過熱降解後的 C-5-HT 可分解成 5- 羥吲哚（5-hydroxyindole），以及各式的烯烴（n-alkenes）和烷烴腈（n-alkanenitrile）。

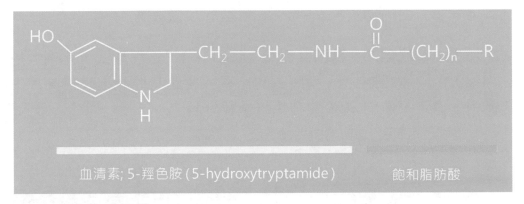

血清素; 5-羥色胺 (5-hydroxytryptamide)　　　　飽和脂肪酸

↗ 咖啡蠟質的結構

咖啡生豆裡面也含有微量的**生育酚**（tocopherol），也就是**維生素 E**，每百公克生豆約 11.9 毫克，是一種抗氧化劑。

生育酚普遍存在於蔬菜、豆類中，具有促進性激素分泌，使男性精子活力和數量增加；也可以使女性的雌性激素濃度增高、提高生育能力，以及抗氧化等多方面的功效，其中又以 α 型的活性最高。

目前在咖啡中被找到的生育酚共有 α-、β-、γ- 三種型式，比例大約為「2：4：0.1」。咖啡中 α- 型所占的比率，要比其他蔬果來得高。生育酚結構相對穩定，僅約 20% 會在烘焙過程分解。

α-tocopherol: R1=CH$_3$; R2=CH$_3$
β-tocopherol: R1=CH$_3$; R2=H
γ-tocopherol: R1=H　; R2=CH$_3$

↗ 生育酚的結構

參 咖啡與健康

咖啡含有豐富的香氣,透過咖啡品飲的過程,讓人有愉悦的感受,因此成為廣受全球人士喜愛的飲品。台灣也不例外,根據國際咖啡組織(International Coffee Organization)的統計,2015–2016 年間,台灣進口 591,000 袋咖啡(以 60 公斤為單位),國人平均每年消耗 1.54 公斤生豆,約為北歐國家人均消耗量的 1/10。

根據流行病學的研究調查發現,適量的飲用咖啡,可以預防或延緩許多退化性的疾病,例如:

喝咖啡的好處

- 第二型糖尿病
- 心血管疾病
- 阿茲海默症
- 巴金森氏症
- 部分癌症

這些好處可能是來自於咖啡的抗氧化物質,例如咖啡酸、綠原酸等。

然而，咖啡也有一些成分會對人體產生負面影響，例如：

- 咖啡因：會造成噁心、失眠、心跳加速、胃食道逆流等症狀。
- 因咖啡蠟質：容易造成胃部不適。
- 二萜類的咖啡醇、咖啡豆醇：會使血液總膽固醇提高，有可能增加心血管疾病的風險。

因此，經常品飲咖啡的人士有必要認識咖啡成分，了解咖啡對身體的潛在影響。

一、咖啡因與睡眠

生物的能量來源，是一種稱之為**三磷酸腺苷（ATP）**的化學分子，透過水解三磷酸腺苷中的磷酸酯鍵，能量便會產生，而消耗後的 ATP 後會形成**腺苷（adenosine）**，逐漸在體內累積。

腺苷是一種會引發疲勞的物質，在腦部透過與接受器的結合，會引發抑制神經元活動的訊號，並啟動掌管睡眠系統的腹外前視核和下視丘，開啟睡眠機制，使人感到昏昏欲睡。

咖啡因（caffeine）的結構與腺苷類似，而且同時具有水溶性和脂溶性的特色，可以很快地穿越血腦屏障到達腦部，與腺苷競

↗ 咖啡因分子結構圖

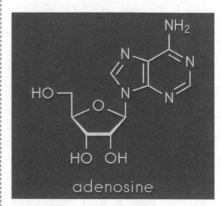

↗ 腺苷分子結構圖

咖啡因依賴症候群

caffeine dependence syndrome

長期飲用咖啡的人，一旦缺少咖啡，常會出現頭痛、疲倦、心情沮喪等問題。主要是由於咖啡因有刺激腎上腺素分泌，造成血管收縮、血壓升高的作用。

戒斷咖啡因後，血管再度變寬，使得流向大腦的血液流量增加，造成頭痛。此時喝咖啡，即可獲得緩解。但是如果不再攝取咖啡因，戒斷的影響會在幾天內趨緩，大概在一個星期後消失。

爭同一個接受器。但咖啡因與腺苷接受器結合並不會產生訊號，因此便具有阻斷睡眠機制的作用。除了不會昏昏欲睡，再加上咖啡因的藥理作用，我們會感覺精神變好、情緒亢奮，甚至對疼痛的敏感度會下降，暫時驅走睡意，並恢復精力，所以咖啡因是一種中樞神經興奮劑。

不過長期飲用咖啡的人，腦中腺苷接受器的數量會因為代償作用而增加，可降低咖啡因競爭的影響，於是這些人飲用咖啡就不見得會影響睡眠。

二、咖啡因的代謝

咖啡因可以透過胃和小腸進入血液，飲用 15 分鐘後會產生效用，在人體的半衰期約 5 小時，因此睡前喝咖啡有可能導致失眠。有許多民眾晚餐後不喝咖啡，也連帶影響咖啡店的營業時間。

咖啡在肝臟被代謝之後，會進一步形成以下三種副產物：

1. **副黃嘌呤**（占 84%）：能夠加速脂解，導致血漿中的甘油和自由脂肪酸的含量增加。
2. **可可鹼**（占 12%）：能夠擴張血管，增加尿量。可可鹼也是可可豆中主要的生物鹼，也存在於巧克力中。

3. 茶鹼（占 4%）：舒緩支氣管平滑肌。咖啡因可增加細胞內 cAMP（環腺苷酸）的濃度，進而促使肝糖代謝，形成 ATP。

三、咖啡與胃酸分泌及胃部不適

飲用咖啡會增加胃酸分泌，並引發胃食道逆流之症狀，而「咖啡因」與「咖啡蠟質」的成分 C-5-HT（羧酸 5- 羥色胺），是主要的元兇。

咖啡生產流程

- 採收
- 去皮
- 洗淨
- 日曬
- 拋光去殼
- 篩選
- 烘焙

咖啡因的作用主要在於使食道與胃相接的賁門括約肌（Low esophageal sphincter）收縮力道降低，並刺激胃酸的分泌，進而增加胃食道逆流的風險。而低咖啡因咖啡可以明顯降低胃食道逆流症狀（Lohsiriwat, Puengna et al., 2006）。

早在 1970 年代初期，即有研究報告指出，生豆經過蒸氣處理和除蠟（拋光）的步驟，可降低胃部不適（Corinaldesi, De Giorgio al., 1989）。**蒸氣**處理去除咖啡因和綠原酸，而**拋光**的手法主要是在去除生豆表面的咖啡蠟質 C-5-HT。

C-5-HT 較容易引發胃潰瘍症狀，主要的原因在於刺激胃部壁細胞（parietal cell）分泌胃酸而造成，而以蒸氣處理過的咖啡生豆，可降低胃部不適的情況。

台灣衛生福利部食品藥物管理署建議

食藥署提醒民眾，「雖然咖啡有提神作用，但攝取過量的咖啡因，會使人有心悸、焦躁不安、失眠、頭痛等症狀，長期飲用含有咖啡因的飲料容易產生心理依賴，當停用咖啡因時可能會出現戒斷症狀，因此建議每天咖啡因總攝取量不超過300毫克，才能享受咖啡的好處而不影響健康喔！」

雖然咖啡中有成分會導致胃部不適，但也有實驗證明，葫蘆巴鹼烘焙後的產物 **N- 甲基吡啶**（NMP），具有降低胃酸分泌的作用（Weiss, Rubach et al., 2010）。

近來更有研究指出烘焙程度與刺激胃酸分泌之間的關係：

- NMP 含量：與烘焙程度成正比，烘焙程度愈深，含量愈增加。
- C-5-HT 含量：與烘焙程度成反比，烘焙程度愈深，含量愈降低。

因此在咖啡因含量一致的前提下，帶有高 NMP 與 C-5-HT 比值的深烘焙咖啡豆，刺激胃酸分泌的能力相對較低（Rubach, Lang et al., 2014）。

四、咖啡與心血管疾病

不同的咖啡成分，對心血管有正、反兩面的作用。對心血管不好的部分，主要是會造成血壓、血脂和高半胱胺酸（homocysteine）的增加。可能由以下的成分造成：

1. 綠原酸：有可能會使得高半胱胺酸含量增加，進而對平滑肌和血管內皮細胞造成不好的影響。
2. 咖啡因：可能透過刺激交感神經和正腎上腺素的分泌，造成急性血壓升高。

3.**二萜類物質**：會造成血液中的總膽固醇和低密度脂蛋白（LDL）的含量上升，增加動脈粥樣硬化（atherosclerosis）的風險（Bidel and Tuomilehto, 2012）。

但另一方面，長期飲用適量的咖啡，可以降低心臟病發作的機率。每天飲用不超過 **400–500 毫克**咖啡因的咖啡（約 4–5 杯），裡面含有足夠的抗氧化劑、奎寧酸內酯和礦物質等，有助於預防心臟病發作的物質。

在最近幾年來，許多以整合分析法（meta-analyses）研究品飲咖啡與得到心血管疾病（cardiovascular disease, CVD）的關聯性發現，喝咖啡的分量與得心血管疾病的致死率，呈現 U 型相關（Crippa, Discacciati et al. 2014）：

● 每日品飲 4 杯咖啡：可降低 16% 罹患心血管疾病的機率。
● 每日飲用 3 杯咖啡：可降低 21% 的心血管疾病致死率。

與膽固醇的關係

二萜類的「**咖啡醇**」和「**咖啡豆醇**」屬於油脂類，這類物質在濾泡式咖啡幾乎偵測不到，但是在未經濾紙過濾的咖啡，依據沖煮的方式不同，含量可以從每百毫升 0.2 毫克到 18 毫克。這兩種物質被認為是增加血液中膽固醇的元凶，會抑制細胞膜上「**低**

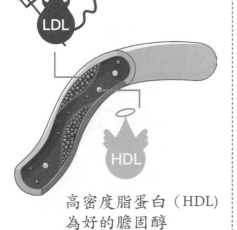

低密度脂蛋白（LDL）
為不好的膽固醇

高密度脂蛋白（HDL）
為好的膽固醇

↗ 美式咖啡

↗ 濾泡式咖啡

密度脂蛋白」（LDL）接受器的活性，導致血液中的 LDL 的含量上升。而 LDL 遇到血管內皮細胞釋放的自由基便會產生氧化，進而誘發發炎反應，長期下來便會導致動脈粥樣硬化（atherosclerosis）。

咖啡二萜類物質的作用雖是如此，但是科學上對於喝咖啡是否會造成膽固醇上升的看法卻不一致，其原因可能與沖煮方式有關。傳統北歐式直接煮沸和土耳其式的沖煮法，已被證實會顯著提高血液中的膽固醇含量，然而在英國和美國的研究中，並沒有顯著的關聯。統計研究發現，每天飲用六杯美式咖啡，會增加血液中總膽固醇、LDL、三酸甘油脂的含量；如果飲用濾泡式咖啡，則無顯著的影響。

五、適度咖啡因飲食，無礙於心跳

2016 年，《美國心臟學會期刊》（*Journal of the American Heart Association*）發表一篇研究報告，以一般民眾為對象，找了 1,388 位受測者，平均年齡為 72 歲且未患有心律不整進行問卷調查，了解他們對咖啡、茶、巧克力等含咖啡因食物的攝取習慣，並依調查結果將受試者分成五組：從來不攝取、每年 5–10 次、每月 1–3 次、每週 1–4 次、幾乎每天都攝取。再讓他們配戴移動式心電監測儀，進行 24 小時的心電

變化監測,監測 24 小時內的心悸問題(包括早期心臟收縮與心搏過速等),並進行關聯性分析。

結果發現,攝取含咖啡因食物的習慣,與受試者產生心臟異性心律不整(Cardiac ectopic and Arrhythmia)之間,並沒有相關連性,而且經常攝取這些飲食,也不會造成額外的心跳增加。(Dixit, Stein et al., 2016)

六、咖啡攝取與急性低血鉀症

鉀離子(potassium)對許多生理功能來說非常重要,鉀離子負責神經肌肉正常功能,也與心臟傳導跳動的節律有關。在正常狀況下,細胞內的鉀離子要高於細胞外,而適當的鉀離子濃度,以及在細胞膜兩側的比值,對維持神經肌肉組織靜息電位的產生,以及電興奮的產生和傳導,發揮著重要作用。

人體內的鉀,主要經由腎臟排出體外,由於咖啡因具有**利尿作用**,因此會造成短時間內腎臟排出過多的鉀離子,導致血清中鉀離子的濃度短時間內降至正常值水平以下,而產生「**低血鉀**」(hypokalemia)的現象。

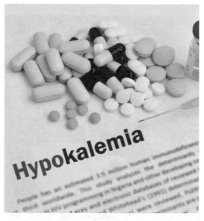

↗ 低血鉀(hypokalemia)

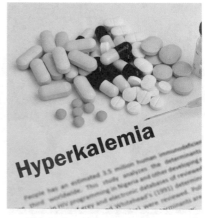

↗ 高血鉀(hyperkalemia)

↗ 鉀（kalium）
原子序數為19

多酚（polyphenol）

多酚是植物中的化學物質，是一種植化素，可保護植物免受紫外線侵害等。多酚類具有很強的抗氧化作用，常見的多酚化合物有：綠原酸、花青素、薑黃素、白藜蘆醇等。綠茶、葡萄、深色蔬果都是多酚類物質的來源。

輕微的低鉀血症（血清鉀濃度介於 3.0–3.5 meq/L）通常沒有顯著症狀，但仍會引發血壓增高，有時會造成心律失調。

若程度再高一些，則會有急性低鉀血症，容易出現各種類型的心律失常或疲倦無力、氣促、便秘腹脹、反射低弱等現象。咖啡利尿作用所產生的低血鉀症狀，在臨床上也有相關的個案報導（Tajima, 2010）。

矛盾的是，咖啡本身的鉀離子含量很高，屬於**高鉀食物**，在生豆中的含量高達 2%，因此，當攝取過量咖啡時，加上腎臟功能不佳時，有導致短暫血鉀升高的風險。

七、多酚類（polyphenol）

在所有飲料中，咖啡所含的**多酚類**最多，而**綠原酸**則是咖啡含量最多的多酚類物質。

研究顯示，綠原酸及其組成物質的咖啡酸，可以抑制「低密度脂蛋白」（LDL）的氧化作用。在一系列的多酚類物質研究比較當中，綠原酸具有中等能力的抗氧化作用，功能比常見於紅茶的**沒食子酸**（gallic acid）還要強。而咖啡被發現有最強的抗氧化能力，也許是因為綠原酸與咖啡酸的加乘效果，對抗 LDL 的氧化作用，而 LDL 的氧化則是動脈阻塞的元兇。

LDL 的作用是將膽固醇自肝臟移出，藉由血液送給細胞用來當作細胞合成、修復等各種用途。LDL 造成在血管上的影響，是過量的 LDL 在血管中沉積且氧化，對血管造成傷害。就這個觀點來說，真正的壞膽固醇是氧化態的 LDL。綠原酸也被證實能夠預防人類表皮細胞氧化。

八、喝咖啡與降低第二型糖尿病

根據研究指出，受測對象每天飲用咖啡因含量約為 25 毫克的咖啡五杯，可以刺激能量的消耗，在瘦子身上約 174 卡，在肥胖者身上則約 98 卡。雖是如此，但也無法立刻下定論喝咖啡可以幫助減肥。

此外根據在豬隻上所做的研究顯示，綠原酸可以直接抑制 alpha 澱粉酶的活性，阻斷碳水化合物的吸收，以降低第二型糖尿病的機率。

綠原酸中的 5-CQA 也可以抑制葡萄糖 -6- 磷酸酶的活性，在小腸可以阻止葡萄糖經由 GLUT2 接受器進入腸細胞，使葡萄糖堆積，再進而刺激腸泌素（GIP-1）分泌，刺激胰島素分泌。

此外，在肝臟中抑制葡萄糖 -6- 磷酸酶，可以阻斷的醣質新生，降低血糖含量。

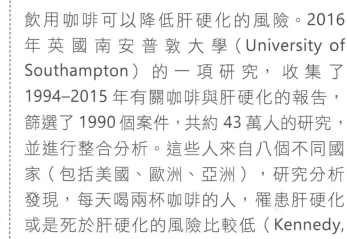

九、咖啡與肝臟

飲用咖啡可以降低肝硬化的風險。2016年英國南安普敦大學（University of Southampton）的一項研究，收集了1994–2015年有關咖啡與肝硬化的報告，篩選了1990個案件，共約43萬人的研究，並進行整合分析。這些人來自八個不同國家（包括美國、歐洲、亞洲），研究分析發現，每天喝兩杯咖啡的人，罹患肝硬化或是死於肝硬化的風險比較低（Kennedy, Roderick et al., 2016）。

除此之外，許多動物和人類的研究也顯示，適量攝取咖啡，可以降低肝功能指數，減少肝纖維化、肝硬化、肝癌等風險。相較其他的肝硬化預防方法，喝咖啡具有顯著的效果。

肝的纖維化和肝硬化，多是由於肥胖、酗酒或是病毒性肝炎（C型肝炎）所引起，而在這過程中，肝臟會釋放出許多的**活性氧物質**（ROS），這類物質參與了肝纖維化和硬化的發展。咖啡含有豐富的酚類物質，例如綠原酸、咖啡酸、類黑素等，而中和活性氧物質和抗突變的功能，已在試管中被證明。

此外，咖啡對抗脂質的過氧化（lipid peroxidation），也具有防癌和預防心血管疾病的作用。

除了前述咖啡的抗氧化物質，咖啡因也具有抗氧化的功用，其功效高於抗壞血酸（維生素 C），接近谷胱甘肽（glutathione）。咖啡因可以有效的抵抗由氫氧自由基·OH（hydroxyl radical）、**單一態氧 $^1O_2$**（singlet oxygen）和**過氧自由基**（peroxyl radical）所引起的脂質過氧化作用（Devasagayam, Kamat et al. 1996）。

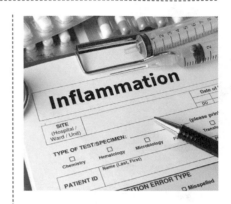

「咖啡醇」和「咖啡豆醇」，對人體同時具有正反兩面的作用。這兩種物質會增加血液膽固醇的含量，但是在動物實驗中，也證實了咖啡醇和咖啡豆醇具有對抗致癌物的功效（由於咖啡豆醇較不穩定，因此不容易單獨作測試，所以許多研究均以這兩種混和物一同作實驗）。此外，咖啡醇和咖啡豆醇也具有抗發炎的能力。

十、咖啡與抗發炎

肝臟在發炎或受傷時，會釋放出肝細胞中的酵素至血液中，常見的標的物質（Marker）有以下兩種酵素（合稱肝發炎指數）：

◆ **GOT**：又稱為 AST
◆ **GPT**：又稱為 ALT

喝咖啡可以降低血液中這些肝臟酵素的濃度。

以下兩項肝指數，是肝細胞製造的兩種最多酵素：

- GOT（又稱為 AST）
- GPT（又稱為 ALT）

GOT: glutamic oxaloacetic transaminase（麩氨基草醋酸轉胺酵素）
GPT: glutamic pyruvic transaminase（麩氨基丙酮酸轉胺酵素）
AST: aspartate transaminase（谷草轉氨酶）
ALT: alanine transaminase（谷丙轉氨酶）

日本研究學者 Honjo 等人發現，每日喝超過 5 杯咖啡的日本男性，在健康檢查中，血液 GOT 和 GPT 酵素顯著較低（Honjo, Kono et al., 2001）。

另外，Tanaka 等人在調查 12,687 個對象時發現，飲用咖啡的習慣和血液中 GPT 的濃度，呈現負相關（Tanaka, Tokunaga et al., 1998）。

韓國的研究也有類似的結論，增加咖啡的飲用，將降低血中 AST 和 ALT 的含量（Guen, Han et al., 2016）。

此外，也有學者針對肝功能異常導致血液 GPT 活性增加的病人是否有飲用咖啡的習慣，分析後發現，這些 GPT 數質很高的人，與飲用咖啡或是咖啡因攝取，呈現顯著的負相關。

十一、咖啡因與發炎反應

在發炎反應進行時，受傷的組織會釋放出腺苷並在鄰近的細胞透過其接受器 A2A 作用，在周圍的細胞內產生 cAMP（環腺苷酸），並透過它引起細胞產生修復反應並降低發炎反應的進行。而咖啡因的結構與腺苷類似，可與之競爭其接受器 A2A，但卻無法使接受器產生作用，在發炎反應的急性期，很容易使腺苷無法作用而讓傷口惡化。

雖是如此，研究發現咖啡因具有抑制磷酸二酯酶的能力，這會導致細胞內 cAMP 濃度上升，反而變相的具有抗發炎的效果。

這看似相互矛盾的作用（促進發炎和阻止發炎反應），和咖啡因的劑量有關。在較低劑量的咖啡因刺激時，咖啡因會阻斷 A2A 接受器的作用，而惡化組織的發炎反應。然而在高劑量的刺激作用下，過量的咖啡因會使 cAMP 在細胞內的濃度上升，這又反而去「還原」了 A2A 接受器原先被阻斷的訊息傳遞，產生保護作用並阻止了細胞的損傷（Ohta, Lukashev et al., 2007）。

由於咖啡內咖啡因的劑量無法精準的拿捏，因此建議一般民眾在發炎時，勿輕易嘗試飲用高劑量咖啡因來抑制發炎反應，應該是避免含咖啡因飲品較為妥當。

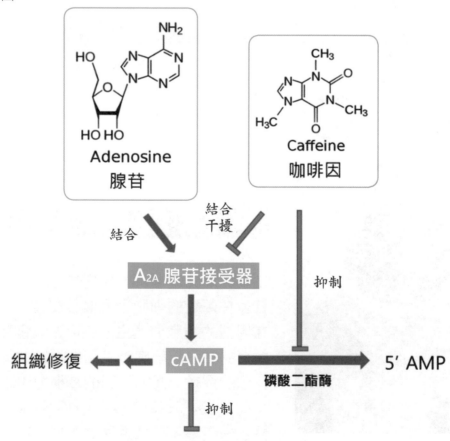

↗ 咖啡因參與發炎反應

赭麴毒素（Ochratoxin）

赭麴毒素的產毒黴菌大致有三種：

Aspergillus ochraceus
Aspergillus carbonarius
Penicillium verrucosum

赭麴毒素容易被人類接觸到，大自然中的土壤、昆蟲、米麥類、豆類（包括咖啡豆）、蔬菜、中藥材，都有被赭麴毒素污染的可能性。

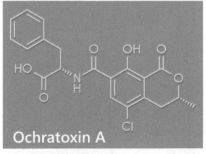

Ochratoxin A

↗ 赭麴毒素A的
　分子結構圖

第二章　咖啡成分與健康

參　咖啡與健康

十二、赭麴毒素（ochratoxin）

1 什麼是赭麴毒素？

赭麴毒素（Ochratoxin）是一種由黴菌所產生的毒素，由赭麴菌的種名「Ochraceus」所衍生而來。

赭麴毒素常見有 A 型、B 型、C 型、D 型四種類型，其中以 A 型（OTA）的毒性最強。黴菌基本上是普遍存在於環境之中，人們很容易接觸到。

2 赭麴毒素 A 的毒性

赭麴毒素 A 已經被證實會對腎臟造成傷害，在動物實驗中，攝入高劑量的赭麴毒素 A，會導致急性的腎衰竭。不過，如果是因為喝咖啡所導致的，應屬於長期低劑量的慢性腎臟病變，會導致腎小管和腎絲球細胞產生病理變化，在醫學上稱為「**黴菌毒素腎病變**」（mycotoxic nephropathy）。

赭麴毒素 A 對於 DNA 也具有破壞性，因此被懷疑是致癌物質（carcinogen）。長期食用，會導致腎臟細胞癌化。另外，孕婦攝入後，有可能破壞胎兒的 DNA，因而導致胎兒畸形。所以，孕婦喝咖啡需要特別小心。

67

3 赭麴菌的生長與赭麴毒素的出現

赭麴毒素的討論多在於「食品」，加上赭麴菌（孢子）於環境中普遍存在，有可能因倉儲不當而產生。以咖啡為例，赭麴毒素的產生比較不會出現在常規的咖啡後製處理過程中（水洗、日曬、蜜處理等），而是發生在製造完成以後的**倉儲、運輸、保存**等過程中。

黴菌喜歡**高溫**和**高濕度**的環境，這種情況下會產生赭麴毒素 A。產生赭麴毒素 A 的溫度，介於攝氏 13–37 度，而在此區間，溫度越高，產量也越高。在溼度方面，空氣中的相對濕度在 80% 以上，是黴菌生長的溫床。

而討論食物的溼度就要談到**水活性**（water activity），食物的水活性在 0.8 以上（例如新鮮的肉類、麵包、乳酪等），黴菌極有可能生長。

在**咖啡生豆**中，以咖啡的含水率為重要指標，咖啡去殼後的含水量若高於 15%，或是水活性超過 0.7，就極有可能導致黴菌生長而受到汙染。

在**咖啡熟豆**中，因烘焙而使得含水率降至 1.5% 左右，水活性約 0.2（依焙度而異），原則上是不會有黴菌滋長（毒素產生）的狀況，但是**若磨成粉而受潮，則仍不排除有滋長黴菌的可能性**。

水活性（Water Activity）

又稱水分活度、水活度，用來顯示食品中自由水分子的多寡。水活性的算法，是根據在密閉空間中，食品的「飽和蒸氣壓」，與相同溫度下純水的飽和蒸氣壓的比值。

相對溼度=100 x 水活性

食物中的自由水可以被微生物利用，維持正常的代謝活性。純水的水活性最高為1.0。

食品要做良好的保存，水活性的控制很重要。食品在加工過程中，將水活性降低至0.6，可以抑制大部分的微生物生長。

↗ 咖啡豆的烘焙

↗ 咖啡豆的倉儲

↗ 咖啡豆的分裝

4 赭麴毒素對熱的耐受性

赭麴毒素是對熱穩定的，很難藉由烹煮過程，將赭麴毒素以加熱破壞。咖啡的烘焙溫度為 180–220 度，赭麴毒素 A 也無法完全被熱分解。此外，太快速的烘焙亦有風險。以上就是偶有新聞報導咖啡烘焙豆出現赭麴毒素 A 的原因之一。

5 赭麴毒素出現在咖啡的時機

1. **處理廠的倉庫**：生豆的水含量在 15% 以上，就極有可能會導致赭麴菌以至於赭麴毒素 A 的產生。

   另外，倉庫的空氣相對濕度若高於 80%，再加上咖啡產區在赤道帶附近，就可能因為高溫導致黴菌的生長。長時間的儲存（過季豆），也有很高的風險。

2. **運輸**：一般的咖啡生豆運送多為海運，生豆從產地來消費國的船運過程，貨櫃直接曝曬於太陽下，高溫且悶著，加上一般貨船不會是直達，耗時至少一個月以上，產生赭麴毒素 A 的風險會提高。

3. **烘焙業者的存放**：烘焙業者從豆商買來豆子，烘焙完成，最後到消費者手上，在這段期間，如果進貨量大，而且無低溫保存設備，就會提高產生赭麴毒素 A 的風險。

4. **消費者的存放**：消費者因存放不當，導致咖啡豆受潮。磨成粉以後，咖啡受潮加速，風味盡失不說，更增加發霉、敗壞的危險。

↗ 要煮咖啡前再研磨咖啡豆，以避免咖啡粉末受潮。

6 對消費者的建議

1. 購買當季豆所製作成的咖啡。過季豆產生赭麴毒素 A 的風險較高。

2. 如果有生豆進口商的檢驗報告則更佳，但消費者應注意報告的送檢時間和豆種，避免遇到一份報告用在全部豆種的情況。

3. 不要過量購買熟豆，以免受潮。

4. 避免事先研磨，要喝之前再研磨。

↗ 磨豆機

十三、每杯咖啡中的成分

一般市售的咖啡，每百毫升咖啡因的含量，會隨咖啡的品種、烘焙程度、研磨、沖煮方式而略有不同。根據 Farah（2012）的整理報告指出，每杯咖啡（百毫升為單位）中，各種成分的含量為：

pH 值／5.2
咖啡因／50–380 毫克
綠原酸／35–500 毫克
葫蘆巴鹼／40–50 毫克
水溶性纖維／200–800 毫克

蛋白質／100 毫克
脂質／0.8 毫克
礦物質／250–700 毫克
菸鹼酸／10 毫克
類黑素／500–1500 毫克

第二章　咖啡成分與健康

參　咖啡與健康

71

十四、每日咖啡建議攝取量

目前我國對於咖啡的飲用標準,著重於咖啡因的攝取,建議每天咖啡因總攝取量不超過 **300 毫克**。衛生福利部食品藥物管理署,於 104 年公告「連鎖飲料便利商店及速食業之現場調製飲料標示規定」,要求業者現調咖啡需以「紅、黃、綠」三色來標示,以區分咖啡因含量:

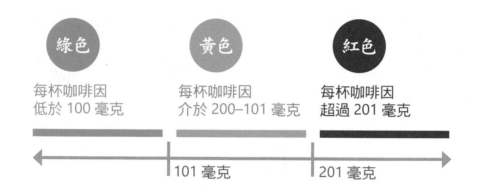

國外亦有類似的咖啡因攝取建議,加拿大衛生部(Health Canada, 2012)建議成人每日咖啡因攝取量,不超過 400 毫克(約 3 杯 237 ml 現煮咖啡);懷孕、哺乳中或準備懷孕婦女,每日的咖啡因攝取量不超過 300 毫克。

2015 年,「美國膳食指南諮詢委員會」(Dietary Guidelines Advisory Committee, DGAC)所發表的飲食建議科學報告指出,每天攝入 3–5 杯咖啡(相當於 400 毫克的咖啡因),並不會對健康造成不良的影響。並進一步指出,咖啡可以降低第二型糖尿病和心血管疾病風險。但不建議加糖、加乳脂、或加牛奶,以免攝入過多的熱量。

第三章

咖啡豆概論

學習目標

一 能說明及分辨咖啡品種
二 能了解並說明種植與管理的因素
三 能了解並說明咖啡後製處理的方式及差異
四 能了解及分辨瑕疵豆的成因及篩選

課程大綱

壹 咖啡種植管理概論
貳 咖啡後製處理法
參 瑕疵豆

學科課程 3 小時

一 瑕疵豆篩選
二 簡易杯測（不同品種）
三 簡易杯測（不同處理法）

壹 咖啡種植管理概論

咖啡風味的優劣，取決於生豆的質量，而要做出優質咖啡，就要掌握好從生豆的栽種與管理，到後製處理的穩定性。其中每個細節的變化，都將反映在咖啡最終的風味呈現上。以下將概述咖啡樹從品種的差異性、栽種環境的影響，到人工採摘需注意的事項。

一、咖啡品種

台灣市面上常見的咖啡豆品種，可分為二大種系：

阿拉比卡 Arabica	羅布斯塔 Robusta
	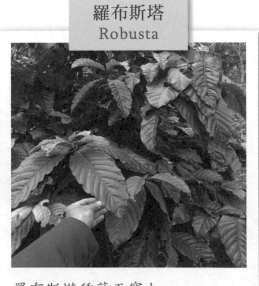
阿拉比卡種葉面嬌小	羅布斯塔種葉面寬大

阿拉比卡
Arabica

臺灣目前的咖啡種植面積比例，以阿拉比卡系列為主。阿拉比卡種的支系繁多，品種不勝枚舉，例如：

- 鐵皮卡（Typica）
- 波旁（Bourbon）
- 卡杜拉（Caturra）
- 藝妓（Geisha）

阿拉比卡具有豐富的風味表現，出色的咖啡都是阿拉比卡種，因此目前生產比例和市場需求度，以阿拉比卡品種最高。

羅布斯塔
Robusta

相較於阿拉比卡種咖啡，羅布斯塔種的咖啡因含量高、風味較苦，但因為羅布斯塔種有極強的適應環境及生長能力，而且產量高，所以在市場需求上亦是不可或缺的品種。

臺灣目前常見的阿拉比卡咖啡品種

卡杜拉（Caturra）

鐵皮卡（Typica）

藝妓（Geisha）

黃皮卡杜艾（Yellow Catuai）

二、產地

臺灣目前種植咖啡的產區分別有台中、彰化、南投、雲林、嘉義、台南、高雄、屏東、台東、花蓮等，而不同的產區所種植的咖啡，即使品種相同，也會依當地環境海拔氣候等影響，而呈現出不同的風味。例如：

- **高海拔產區**：年均溫低、日夜溫差大，果實成熟緩慢，豆子較酸、較甜，密度較高。
- **低海拔產區**：氣溫較高，果實成熟期集中，產能較高，利於採收。

北回歸線

北緯23.5度

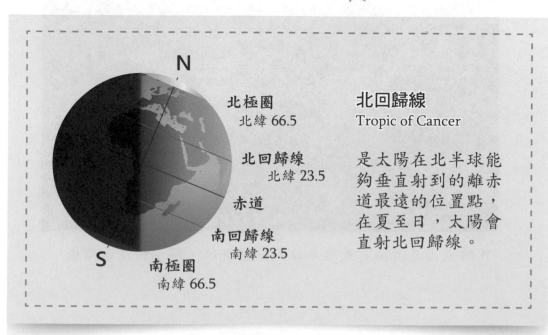

N

北極圈
北緯 66.5

北回歸線
北緯 23.5

赤道

南回歸線
南緯 23.5

南極圈
南緯 66.5

S

北回歸線
Tropic of Cancer

是太陽在北半球能夠垂直射到的離赤道最遠的位置點，在夏至日，太陽會直射北回歸線。

三、咖啡生長

1 種植氣候

臺灣位於北回歸線上，介於熱帶與亞熱帶地帶之間，平均年降雨量為 2,500 毫米，氣溫約 15–28 度。大致上來說，臺灣的氣候型態屬於咖啡生長的舒適圈，但須依種植產區的微型氣候不同，而進行調整。例如，咖啡生長適合**半日照遮陰**的環境，但因各種植區域地理位置不同，日照程度也有所不同，所以須營造合適的日照程度，以利咖啡的生長。

↗ 咖啡櫻桃（coffee cherry）
　即咖啡果實

↗ 阿里山產區擁有天然半日照微型氣候，鮮少種植遮陰樹。

坡度、易排水

土質鬆軟、透氣　　土壤微酸性

② 種植土壤

咖啡的根系**需氧量高**，種植環境土壤應具以下特性：

- 透氣性佳，具鬆軟性。
- 以有坡度、易排水為宜。
- 土質部分以**微酸性**為佳。

③ 種植季節

- **培育方式**：咖啡種子落土後極易生長，所以一般咖啡培育方式以**種子育苗**為主。
- **定植時間**：育苗**一年**後定植於土地。
- **定植季節**：**春季**最佳。
- **結果時間**：定植約**兩年**之後，便會開始開花、結果。

↗咖啡育苗

↗ 定植時間：育苗生長一年後

↗ 最佳定植季節：春季

4 種植管理

1 剪枝

● **剪枝原因**：咖啡樹定植土地**三年**後，樹苗成長高度即可達到**兩公尺**，此時可**摘除頂芽**來抑制生長高度，以便：

1. 方便採摘管理
2. 利於養分的分配

● **剪枝頻率**

1. 每年摘除徒長枝 **4–5 次**。
2. 定植約**八年**後，產量會急速減少，故需要**重度修剪**，使其重新生長。
3. 爾後，約隔**五年**重度修剪一次，如此循環至咖啡樹老死。

高度達兩公尺，便可摘除頂芽。

徒長枝修剪：每年修剪4–5次

重度修剪

局部修剪

2 施肥

定植後，施放肥料次數為一年三階段，分別是：

1. 第一階段：**開花前階段**，採用氮元素較高之有機肥料。
2. 第二階段：**初期結果後**，施放鉀元素較高的有機肥料。
3. 第三階段：**果實熟成、尚未採摘前**，同樣施放鉀元素較高的有機肥料，另外亦可種植綠肥植物來肥沃土壤。

↗ 咖啡開花

3 除草

- **除草頻率**：咖啡定植於土地之後，建議一年除草約**六次**。
- **雜草高度**：雜草維持在**60公分**以下即可，以免影響作物生長。
- **除草方式**：一般採用**打草機**作業，但為避免操作不慎而砍傷樹苗，建議先行人工拔除樹苗周圍直徑30公分的雜草之後，再進行機械操作。
- **保育**：為維護環境，應盡量避免使用化學藥劑。

↗ 人工除草

4 灌溉

臺灣氣候類型雖屬較為潮濕的海島型氣候，但降雨時間分配不均，冬季時期，中南部山區會較為乾燥，為避免咖啡過度缺水造成落葉，因此需要配有灌溉設施較佳，期間每週施放一次為準。

↗ 巴西的咖啡園灌溉系統

5 防颱準備

臺灣夏季時期，受到熱帶氣旋的影響，易形成強風，並有豪雨來襲。為避免咖啡樹苗受強風侵襲而傾倒折損，建議事前做好防禦準備。準備事項大致可分三項：

1. **修剪徒長枝**：樹苗過高，會招風，樹苗易倒，所以維持<u>兩公尺</u>即可。

2. **釘定支撐條**：選擇約<u>5呎（約1.5公尺）</u>的鐵條，釘入約2呎（<u>約60公分</u>）深，鐵條朝向迎風面，而鐵條外部需裹覆<u>塑膠軟管</u>，以免與樹幹摩擦而導致樹幹斷裂，再以有彈性的<u>棉繩</u>，將鐵條與樹幹固定，以利支撐。

↗ 釘定支撐條預防斷裂傾倒

3. **懸掛防風網**：咖啡園周圍可懸掛防風網，以減弱風速，防風網可使風力速度減少 30–40%。

↗ 懸掛防風網，以減緩風力

6 病蟲害感染

台灣咖啡產區常見的病蟲害有：

1. 炭疽病（anthracnose）

🔹 病

症：這種病菌會影響咖啡樹的生長，一般會：

(1) 感染枝葉：造成枝條枯萎

(2) 感染果實：產生褐色斑點或是落果。

🔹 預防方法：此種病菌耐高溫，預防方法可將咖啡樹定期修剪及疏枝，保持良好通風及充足日照。

↗ 感染炭疽病

2. 葉銹病（coffee rust）

🔹 偏好環

境：此病菌在潮濕環境下容易發病，特別是雨季過後極易感染。

🔹 病症：使咖啡樹葉產生病斑，進而落葉甚至整株枯死。

🔹 在高海拔產區，因為年溫差大，病菌較不易生存。

↗ 感染葉銹病

3. 東方果實蠅
（Bactrocera dorsalis）

↗ 東方果實蠅

- **偏好環境**：這種蟲害性喜溫暖，常出現於台灣低海拔咖啡產區。

- **病症**：幼蟲使咖啡果實受損腐爛，嚴重影響園區產量，而且成蟲繁殖力及擴散力較強，若無妥善預防，容易造成大量蔓延。

- **防治方法**：可採用藥劑防治或生物防治。

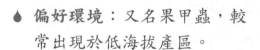

4. 咖啡果小蠹
（coffee berry borer）

↗ 果小蠹幼蟲

- **偏好環境**：又名果甲蟲，較常出現於低海拔產區。

- **病症**：主要危害果實，寄生於果實內部並產卵繁殖，成蟲後飛出，繼續感染其他果實，傳播性及繁殖力極高。

- **防治方法**：因為寄生於果實內部，而且潛伏期長，所以不易使用藥劑防治。如果大面積感染，多半需要清園，再重新種植。這種蟲害較為嚴重，而且不易根除，建議初期發現時，便使用誘殺器誘捕之，並隨時監控。

↗ 果小蠹誘捕器

7 防寒準備

- **霜寒害**：台灣高海拔產區年溫差極大，最低溫低於攝氏 0 度，容易產生霜寒害，造成咖啡樹苗和果實凍傷受損，為避免引響產量及品質，霜寒害為高海拔產區應預防的災害。

- **防寒方法**：可在清晨低溫時，於咖啡葉面灑水，或是以防水透氣不織布覆蓋於咖啡樹苗之上，兩種方法皆可使冰霜無法附著於葉面之上，避免造成凍傷。

↗「阿里山鄒築園」自創不織布防寒準備

5 咖啡採摘

- **收成方式**：臺灣的咖啡收成，因為地形的關係，以人工採摘為主。

- **收成時間**：從 11 月起，陸續分批採收至隔年 5 月。

- **採收次數**：依產地氣溫的不同，果實熟成的時間也不同，分批採收的間格也會有所差異，每年分批採收約 8–10 次。

- **果實顏色**：採摘的漿果顏色，除了特殊有色品種，以深紅色果實為最佳。果實顏色從結果開始呈現綠色，爾後轉換到黃色至橘色，這時尚未成熟，紅色和深紅色才是熟果實，黑色則是果實過熟。果實尚未成熟或是過熟，皆不宜採收。

↗ 咖啡採摘以人工為主

6 咖啡構造

咖啡從外至內，分別是：

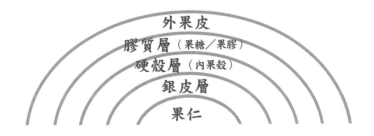

而咖啡果實後製乾燥去殼後，未經烘焙的果仁即是生豆。

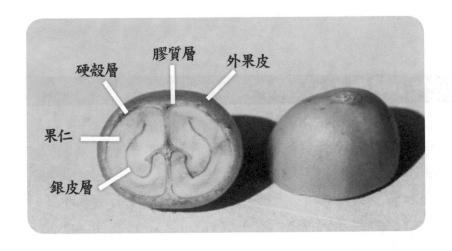

貳 咖啡後製處理法

咖啡後製處理法的分類，依傳統的加工處理法，主要可分為三種方式：

● 水洗處理法（wet process / washed method）
● 蜜處理法（honey process / miel process）
● 日曬處理法（dry process / natural method）

一、水洗處理法（wet process / washed method）

● **方式**：水洗處理法，顧名思義就是要使用大量的清水來洗淨咖啡豆。採摘後的咖啡果實，在刨除外果皮之後，利用清水洗去**果膠**和**果糖**，但果膠和果糖在剛刨除果皮後，會緊緊附著在咖啡的**硬殼層表面**，不易清洗乾淨，所以要先靜置，使其**發酵**並**脫膠**，才可輕易用清水洗淨附著在硬殼層外的果膠物質。

● **特點**：水洗之後的生豆，乾燥的速度加快，所以呈現的風味相對穩定，所以這是目前世界上最主要的咖啡處理方式，也是最容易處理的方式。採摘之後的咖啡，有一些變因會影響咖啡的風味，而這種處理法能夠去除變因，因此較能顯現出咖啡的品種、產地、種植、環境，也能呈現較為乾淨、單一且基本的風味。

水洗法流程圖示

1 加水去皮 →

2 浮力篩選

3 靜置發酵脫膠

5 乾燥曝曬

4 清水洗淨

二、蜜處理法（honey process / miel process）

- **方式**：蜜處理法是咖啡果實採摘下來，在刨除並保留外果皮之後，保留了果實的**膠質層**。相較於水洗法，蜜處理法比較困難，因為需保留膠質層。

- **特點**：果膠層像是天然的保護膜，會阻隔水分的排放速度，導致乾燥時間增加，而糖分也會隨著時間長而發酵氧化，所以蜜處理法的豆子外觀，會依氧化的程度，從透明無色、紅色到黑色等變化。臺灣易潮溼的天候狀況容易影響乾燥的時間，而乾燥時間的不穩定，也更容易使製作和風味的呈現也不穩定。蜜處理的豆子調性，較具果香，有水果甜感的風味。

蜜處理人工篩選

紅色蜜處理法

透明無色蜜處理法

黑色蜜處理法

三、日曬處理法（dry process / natural method）

- **方式**：日曬處理法保留了咖啡果實完整的**外果皮**和**膠質層**，並且<u>使糖分發酵</u>。

- **特點**：因為在乾燥的過程中，外果皮是完整包覆的狀態，所以變得極為不易乾燥，處理時間最為耗時。而在乾燥的過程中，果糖會在果皮內部產生發酵的化學變化，乾燥的時間越久，糖分的發酵也越不易控制，使得風味的呈現變化極大，像是從甜酒香、烈酒調、水果醋型、醬菜型、酸菜型等發酵風味皆有可能。所以要有製作出穩定的風味，必須嚴格控制發酵程度，才能穩定達到每次製作的均質。

日曬法：使用高棚架
曝曬咖啡漿果

日曬脫水：外果皮顏色
由鮮紅轉換為黑色

四、處理法的選擇

採摘下來的生豆，要決定用哪一種處理法最適合，多半是<u>取決於環境因素</u>。以阿里山的鄒築園莊園為例，園主判斷要用哪種處理法，多半是考量氣候因素。假設採摘前連日多雨，造成果實的含水量過高，或是果實有裂果的可能性，這樣的狀況會降低果實的甜感，加上潮濕的氣候不利於生豆的乾燥，這時候便會考慮使用<u>水洗處理法</u>。

綜上所述，在各種處理法的過程中，不難看到一再重複乾燥時間、速度等字眼，這意味著在無法明確的控制影響咖啡風味形成的變因之前，想要做出品質穩定的咖啡，就要<u>掌控時間</u>，所以優先選項在於如何讓生豆**快速乾燥**。在受限於環境氣候的影響之下，會使用乾燥機等設施輔助，先掌握穩定的風味，再求其他變化。

水洗處理法

蜜處理法

日曬處理法

五、各種處理法辨識圖

水洗處理法帶殼豆

蜜處理法帶殼豆

日曬處理法帶殼豆

參 瑕疵豆

一、瑕疵豆的產生

瑕疵豆是咖啡風味的重大缺陷,其形成原因可能出現在以下三種過程中:

- 種植階段
- 後製處理階段
- 儲存或運送階段

↗ 瑕疵豆

二、瑕疵豆的種類

1 全黑豆、局部黑豆

- **外觀**:呈現黑色或局部黑色。
- **成因**:多半為處理過程不當,導致生豆感染而壞死,不宜飲用。

完全黑豆

局部黑豆

完全酸豆　局部酸豆

2 全酸豆、局部酸豆

- **外觀**：呈現橘黃色。
- **氣味**：刺鼻的酸敗味。
- **成因**：多為發酵過度而感染後酸敗，不宜飲用。

真菌感染豆

3 真菌感染豆

- **外觀**：呈現黃褐色澤或斑點。
- **氣味**：酸敗霉味。
- **成因**：多為儲存環境高溫潮濕造成真菌入侵感染，不宜飲用。

外來異物

4 異物

咖啡果實以外的雜物，如樹枝、石頭等，不宜飲用。

5 帶皮乾果

- **外觀**：黑色的帶皮乾燥果實。
- **成因**：多為日曬處理後未脫殼完全的乾果，風味不佳。

6 蟲蛀豆

- **外觀**：有蛀洞，蛀洞三孔以上，就算嚴重蟲蛀豆。
- **氣味**：腐霉刺鼻。
- **成因**：為蟲害侵襲果實，不宜飲用。

嚴重蛀蟲豆　　　輕微蛀蟲豆

7 帶殼豆

- **外觀**：生豆外包裹硬殼。
- **成因**：為加工不良，烘焙時易產生煙燻味。

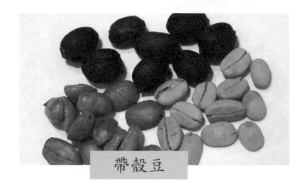

帶殼豆

8 浮豆（白豆）

- **外觀**：呈現為不透明白色。
- **成因**：生豆儲存環境濕熱，生豆反覆回潮，風味不佳。

白豆　　　　　發霉豆

9 萎凋豆

- **外觀**：呈現皺褶不均。
- **成因**：咖啡樹養分不足而影響果實發育，風味不佳。

萎凋豆

破碎豆

10 破碎豆

- **外觀**：呈現破碎。
- **成因**：多為在加工時，機器使用不當造成生豆破碎。
- 烘焙時因碎裂，故易焦黑。

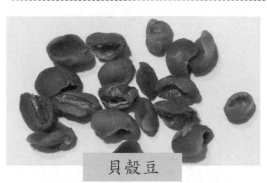

貝殼豆

11 貝殼豆

- **外觀**：形似貝殼。
- **成因**：多為基因遺傳，因此部分品種出現比例較高。
- 烘焙時易受熱不均，導致燒焦。

未熟豆

12 未熟豆

- **外觀**：銀皮包覆生豆，不易去除。
- **成因**：採收的果實未完全成熟，風味不佳。

咖啡果殼

13 果皮／果殼

- **外觀**：碎小的黑色果皮或黃色果殼。
- **成因**：處理中篩選不良而殘留，影響風味。

參考文獻

▸ 維基百科。臺灣。2017 年 2 月 22 號，
取自：https://zh.wikipedia.org/wiki/%E8%87%BA%E7%81%A3#.E5.9C.B0.E8.B3.AA.E6.B0.B4.E6.96.87
▸ 中央氣象局。臺灣氣候特徵簡介。2017 年 2 月 22 號，
取自：http://www.cwb.gov.tw/V7/climate/climate_info/statistics/statistics_1_3.html
▸ 台南區農業專訊。東方果實蠅防治方法。2017 年 3 月 1 號，
取自：http://book.tndais.gov.tw/Magazine/mag16-4.htm

第四章

[咖啡烘焙]

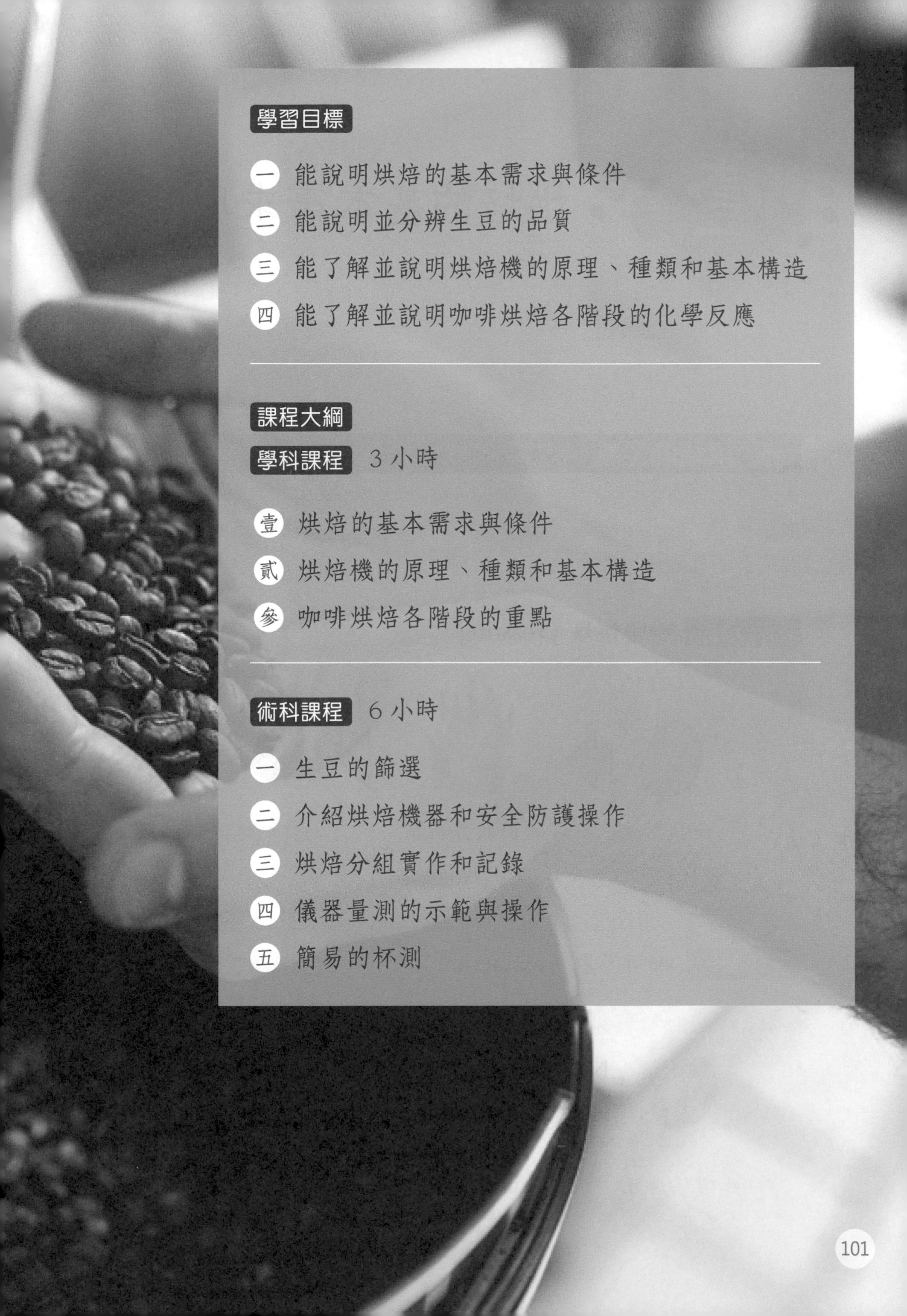

一 能說明烘焙的基本需求與條件

二 能說明並分辨生豆的品質

三 能了解並說明烘焙機的原理、種類和基本構造

四 能了解並說明咖啡烘焙各階段的化學反應

課程大綱

學科課程　3 小時

壹　烘焙的基本需求與條件

貳　烘焙機的原理、種類和基本構造

參　咖啡烘焙各階段的重點

術科課程　6 小時

一 生豆的篩選

二 介紹烘焙機器和安全防護操作

三 烘焙分組實作和記錄

四 儀器量測的示範與操作

五 簡易的杯測

 壹 烘焙的基本需求與條件

一、烘焙的定義

咖啡生豆（coffee green beans）要轉換成最終可以飲用的咖啡飲品，
要經過兩個階段的烹飪調理。

第一階段 咖啡烘焙（roasting）

咖啡生豆　　　　藉由熱力烘焙　　　咖啡烘焙豆

第二階段 咖啡萃取（extraction）

咖啡烘焙豆　　　　藉由水的萃取　　　咖啡液

這個階段要討論的是咖啡生豆（green coffee beans）轉換為咖啡熟豆（roasted coffee beans）的烘焙過程。

在談論咖啡烘焙的一開始，先來看一下在漢語辭典中對於「烘焙」的解釋。

繁體	烘	部首	火	五行	火

吉凶寓意　凶　　　　拼音輸入　hong

筆順　捺撇撇捺橫豎豎橫撇捺

解釋　烘〔dry or warm by the fire〕
　　　燒，焚燒（burn）
　　　烘，燎也。——《爾雅‧釋言》
　　　烘焰（光焰）；烘騰騰（火旺盛貌）
　　　烤乾；烤熱〔fry by fire; roast〕
　　　例　烘火；烘咖啡豆
　　　——字義上即是「大火」的表達

繁體	焙	部首	火	五行	火

吉凶寓意　吉　　　　拼音輸入　bei

筆順　捺撇撇捺捺橫捺撇橫豎折橫

解釋　焙（bake over as low fire）
　　　微火烘烤〔bake; torrefy〕
　　　焙炙（烘烤）；焙火（焙烘的火力）；
　　　焙茶（烘制茶葉）；焙烘（烘烤）
　　　——字義上即是「小火」的表達

「烘」、「焙」二字均從火，部首屬火，五行屬火，「烘」是「大火」，「焙」是「小火」，兩字都有著用火加熱東西的意思，「烘焙」兩字即是用火乾燥的意思。

再進一步看來烘焙所代表的意思。在眾多的烹飪方式當中，「烘焙」是其中一種方式，而咖啡烘焙就是一種烹飪「咖啡生豆」的方式，也就是咖啡的第一階段烹飪行為。所以咖啡烘焙其實屬於一種烹飪形式，也可以算是一種廚藝。

↗ 咖啡生豆的傳統
　 烘焙方式

二、烘焙的熱源理論

能量＝質量 X 比熱 X 溫度差
E ＝ m X c X △T

$$E = m \times c \times \Delta T$$

E	Energy
m	Mass
c	Specific Heat Capacity
△T	Temperature Change

1 熱傳遞的觀念

熱能的流動是由高溫傳向低溫的，溫度差越大，會使溫升降越快。

熱傳導的
烘焙方式

熱對流的傳導

↗ 咖啡烘豆機

2 熱傳方式

1 熱傳導：接觸熱

咖啡生豆一進入烘焙機，和炙熱的內壁直接接觸後，便會發生熱量傳導，這稱之為「傳導熱」（thermal conduction）。

此外，進一步的傳導是由先被加熱的豆子，向與其接觸、相對較冷的豆子傳導。熱量透過傳導來傳遞，而這只發生在接觸點。

2 熱對流：流體之傳導熱

目前各國咖啡的烘豆機（coffee roaster）大部分是使用**熱對流**（thermal convection）來進行烘焙，原理是以強制熱風對流的方式來操控溫度，以進行咖啡豆烘焙。

除了對流熱之外，烘焙機還因鍋爐傳導加熱和咖啡豆相互之間的輻射加熱等熱源，加速了烘焙的進程。

因為進行烘焙時，整個咖啡豆被流動熱空氣包圍不斷的熱傳接觸，因此稱為**熱對流**。

從流力科學和熱力科學來看，熱對流運動的方式可以區分為兩類：

1. **自然對流**：流體本身因<u>環境溫度的變化</u>，形成密度差異，而產生的流體運動方式。

2. **強迫對流**：流體本身因<u>外力因素</u>，而產生的流體運動方式。所謂外力因素，在人為因素上，例如風扇、泵；在自然因素上，例如風。

３ 熱輻射：波（不需介質）

在烘焙咖啡豆的過程中，有部分的熱量傳遞是透過**熱輻射**（thermal radiation），更具體地說，是從火焰、流動的空氣、灼熱的烘焙機中和加熱的咖啡豆中，散發出來的紅外線和遠紅外線輻射。

因此輻射產生的熱能是依靠**光波能量**傳遞（不因距離遠近而衰減），這不需要藉由豆子相互碰觸，也不需要與灼熱的烘焙機鍋爐接觸、或透過熱傳導的熱空氣運動等方式，來進行熱能傳遞。

然而，輻射在傳遞熱能的過程，若接觸到物體，會形成部分反射、部分被吸收的現象。因此，熱輻射的特性就是<u>熱效能很高，但也很容易被屏蔽</u>。

熱輻射的傳導

三、烹飪的重點與精神

從烹飪的角度來看，咖啡烘焙就是烹飪咖啡生
豆的方式，這是咖啡第一階段的烹飪。而烹飪
的重點與精神，不外乎以下三項：

1. 挑選食材
2. 烹飪技巧
3. 風味與想法的呈現

這是我們在做烹飪時最重要的三件事情，當然也是咖啡烘焙的重點，以
下就以這三個方向來探討咖啡烘焙的觀念與重點。

1 挑選食材

既然是烹飪藝術，那就要談烹飪的主角：**食材**。在烹飪的世界中，選對
食材，烹飪就有了美味的基礎。以亞洲的兩種飲食文化為例：日本料理
的飲食文化非常講究食材本質，並且對食材充滿著尊敬，盡可能呈現最
原始的風貌。所以，如果用比例來說，在日本的飲食文化中，食材占有
的重要性高達九成，而烹飪技術對食物風味的影響，僅占一成。

另一個例子是中式飲食料理文化，中式料理因為歷史悠久，土地廣闊，
因此飲食習慣差異較大，例如發展出粵、浙、魯、蘇、湘、川、閩、徽
等地方菜系。另一方面，也因為歷史上的民族融合與戰爭遷徙等狀況，
使得在有些時空之下，食材的取得並不容易，因此就比較倚重烹飪技
術。 如果用比例來說，中式的飲食文化中，食材占有的重要性約六成，
而烹飪技術對食物風味的影響，所占的重要性可達四成。

但無論是講究食材原始風味的日式食物，或是烹飪技術博大精深的中式
食物，食材本質的影響至少都占比一半以上。在烹飪的世界中，選對食
材是最重要的一件事情。

現在回來看咖啡烘焙這個烹飪行為，咖啡烘焙的主要食材是什麼？當然是**咖啡豆**，尤其是指**咖啡生豆**（coffee green beans），從咖啡樹採摘下的果實中取出的種籽。

「粗材細作，非令不食」這句飲食的諺語，源自粵菜的發源地順德，意思是：就算不是高檔的食材，也該精心去做烹調；若不是當令食材，則不要去勉強使用這食材。這個觀念也可以運用在咖啡的烘焙上，選用新鮮咖啡豆，精心烘焙，做出美味的風味。

跟其他的烹飪相較起來，咖啡烘焙有一個獨特的特性，就是咖啡生豆在烘焙的過程中，是沒有任何配角的，咖啡烘焙幾乎不會加入其他的食物或是調味料。

這表示咖啡在烘焙完成、經過萃取，到最後在杯中可以感受到的千百種風味，都仰賴咖啡豆本身所擁有的特色來展現。也因此，要做好咖啡烘焙，善加選擇咖啡生豆，就至少成功一半了。

在東南亞，有一些在地的咖啡採用特殊的焙炒方式，會在烘焙過程加入砂糖或奶油等，為完成的咖啡熟豆增添風味。

1 咖啡生豆的優劣判斷方向

在進行烘焙之前，我們要先了解影響咖啡生豆品質的因素，這是挑選咖啡豆的一些重要指標，主要可分為三大部分：

- 🌢 生豆履歷
- 🌢 樣本質量
- 🌢 生豆（精品）分級

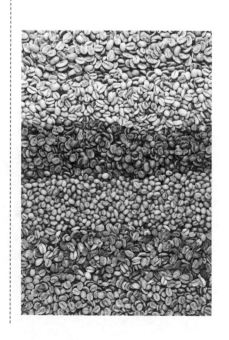

1 生豆履歷　這是在生豆取得時已經可以得到的訊息，這些資料大多是由產地處理廠或是生豆商所提供。

A 年分：年分直接攸關生豆的新鮮程度，因為大多數國家的咖啡豆為一年一採，少數會有一年兩採。咖啡生豆雖可以長時間儲存，但是隨著儲存時間，風味會逐漸降低，因此越新鮮，越有助於成品品質。採收時間與烘焙時間越接近的，顯示有較高的新鮮度。依採收的時間點不同，咖啡生豆可以區分為：

- 當季（fresh crop）
- 當年（new crop）
- 一年（past crop）
- 一年以上（old crop）
- 特殊存放（aged crop）

B 處理法：咖啡果實在採摘下來後，需要的部分是內部的種子，而將種子取出的工作程序，稱之為「**處理法**」。處理法是影響咖啡風味的一個重要環節。

C 品種：品種對於風味也有很關鍵的影響，不同的品種會有各自特殊的風味特性差異。

D 產地風土：咖啡植物栽種的環境、緯度、位置、氣候、海拔、日照、水質、土壤等，所有在農業上可能會影響植物生長的環境因素，都會影響到咖啡植物生長的情況。

E 重量：這是每個批次所購買的重量。

F 大小：每一袋豆子的平均大小。

2 樣本質量

咖啡生豆儲存環境的一些因素，會改變咖啡生豆的性質，我們可以藉由儀器來測量以下項目，進而了解這些改變。

以下這些數值會隨著生豆的**儲存環境**而有所變化。

Ⓐ **生豆的水分**：標準含水率是 11%，最大範圍是 8%–13%。
生豆的水分含量會隨著保存環境的溼度而浮動。

Ⓑ **生豆的密度**：含水率的變化，也會影響生豆的硬度。

Ⓒ **生豆的水活性**：會影響生豆的儲存品質與風味走向。

3 生豆（精品）分級

目前許多國家使用 CQI（Coffee Quality Institute）的生豆篩選標準，例如顏色、氣味、一二類缺陷瑕疵豆等評分方式，對生豆是否屬精品咖啡豆做分級。

2 咖啡生豆的主要組成物質

咖啡生豆當中的成分，絕大多數都是**有機化合物**，其中占大多數的是人體無法消化吸收的多醣類纖維，再來就是醣類、蛋白質、脂質等養分物質，而有機酸、含氮化合物、少量礦物質、水分的含量比例，在經過烘焙與萃取之後，會直接影響咖啡風味的最後結果。

不過，咖啡當中真正含有的風味物質非常複雜，而至目前為止尚未有充分資料可以完整解釋。我們可以把這些複雜的物質用一個比較簡單的概念來解釋。咖啡豆的物質成分，可以概分為兩大類型：

1. **多醣物質**：這也就是我們每次沖煮完咖啡豆之後，所剩下的主要成分，這既無法消化，也不溶於水，俗稱咖啡渣。這些物質本身不具有風味意義。

2. **養分物質**：這會決定咖啡的風味，在烘焙過程中，會有很多的風味變化，透過萃取，釋放出這些養分物質的風味。因此優良的咖啡生豆可以視為是「肥美」的咖啡生豆，富含養分風味物質，而營養不良的咖啡生豆，就缺乏香氣，只剩酸甜、滑順，更甚者只有呆板的木質類型調性。生豆的新鮮度也是這樣的情況，存放得越久，隨著生豆內細胞的死亡，養分物質也會漸漸被分解或產生變化，風味物質便會流失。

↗ 咖啡渣的成分是多醣物質

阿拉比卡（Arabica）咖啡豆成分 生豆 含量 % 熟豆 含量 %

大類	成分	中文	細項	生豆含量 %	熟豆含量 %
碳水化合物	Polysaccharides	纖維素（多醣）		43–45	24–39
		木質素（多醣）			
	Oligosaccharides	蔗糖（双醣）	蔗糖、麥芽糖等	5–8	
	Monosaccharides	還原糖（單醣）	葡萄糖、果糖等	1–1.5	0.5
蛋白質	Proteins	蛋白質		10–12	5–8
	Amino acid	胺基酸		0.5	
酸	Chlorogenic acids	綠原酸	酚酸	5.5–8	4–4.5（淺中焙）
					1.2–2.3（深焙）
	Quinic acids	奎寧酸與奎寧內脂		0.3–0.5	0.6–1.2
	Acetic acids	醋（乙）酸	Aliphatic acid 脂肪酸	0.01	0.25–0.34
	Formic acid	甲酸		微量	0.06–0.15
	Lactic acids	乳酸		微量	0.02–0.03
	Citric acid	檸檬酸	非揮發性之飽和含碳酸	0.7–1.4	0.3–1.1
	Malic acid	蘋果酸		0.3–0.7	0.1–0.4
脂質	Lipids	脂肪、油類、蠟		14–18	14.5–20
含氮化合物	Caffeine	咖啡因		0.9–1.2	1 左右
	Trigonelline	葫蘆巴鹼		1–1.8	0.5–1
	Minerals	礦物質	鈉鉀鈣鎂等	3–4.2	3.5–4.5
	Water	水		10–12	1–5
	Sugar Browning	褐變物質	類黑素、焦糖化物質等		約 25
	PH	酸鹼值		5.7–6.2	4.8–5.2

咖啡櫻桃

咖啡生豆　　深培咖啡

綠色生豆　　淺烘焙

中烘焙　　　深烘焙

2 烹飪技巧

所謂的咖啡烘焙，就是一種把咖啡生豆藉由加熱，轉變為咖啡烘焙豆的過程。在討論烘焙之前，我們要回到原點來探討：

- 為什麼咖啡要經過烘焙？
- 咖啡烘焙的目的究竟是什麼？

咖啡烘焙的原因與目的，有下列三項。

1 增加咖啡豆本身結構的穿孔性

咖啡種子本身有著許多的養分，這些是風味物質，並且含有大量的**多醣類物質**。在植物學中，多醣類物質就是稱為細胞壁的纖維型物質，咖啡豆當中的養分風味，在未經烘焙之前，就是被這些細胞壁纖維緊緊包覆住，使得風味物質不容易被萃取出來，而透過烘焙熱力，以及咖啡豆的爆裂，可以撐大、撐裂這些纖維物質，增加細胞壁上的多孔性，可以使風味物質較容易在萃取階段被釋放出來。

透過烘焙來萃取風味物質

② 產生風味

正常的烘焙過程當中，不會添加任何其他的風味食材（南洋地方例外），因此咖啡的所有風味都來自咖啡豆本身所含有的物質。而藉由加熱，使溫度提高，可以誘發出許多的化學反應，這些連續且複雜的化學反應，使咖啡豆能夠產生比起原本更多的風味物質。

據統計，生豆中大約有 300 種的風味物質，烘焙完成的熟豆中，則有超過 850 種的風味物質，藉由烘焙過程而形成的風味物質，超過 650 種。

③ 衛生

人類在開始懂得運用火烹飪食物之後，由衛生問題而產生的病害就有效的降低了，這是因為將食物加熱，是很有效的殺菌消毒方法。

咖啡果實從採集一直到烘焙，會經歷許多可能產生食品衛生安全疑慮的過程，而藉由溫度可達攝氏 200 度以上的烘焙，能夠大大提高咖啡豆的衛生安全性，確保食安。

Coffee

Fruit　Raw　Roasted
咖啡果實　生豆　熟豆

生豆特有物質約 100 種　生、熟豆均有物質約 200 種　熟豆特有物質約 650 種

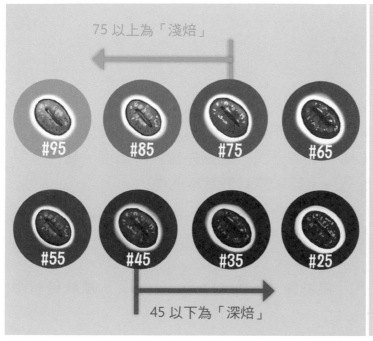

75 以上為「淺焙」

#95　#85　#75　#65

#55　#45　#35　#25

45 以下為「深焙」

褐化程度色卡

- 將焦糖化依程度，設定為 0–100，100 最淺顏色，0 最深。
- 45 以下，定義為深焙；75 以上，
- 則為淺焙。

咖啡烘焙顏色變化圖

0 min *200* ℃　1 min *111.2* ℃　2 min *126* ℃　3 min *145.3* ℃　4 min *158.3* ℃　5 min *166.7* ℃　6 min *172.2* ℃

7 min *176.1* ℃　8 min *181.8* ℃　9 min *190* ℃　10 min *199.4* ℃　11 min *206* ℃　12 min *211.5* ℃　13 min *217.4* ℃

14 min *223.1* ℃　15 min *226.2* ℃　16 min *230.1* ℃　17 min *233.1* ℃　18 min *236.2* ℃　19 min *238.4* ℃　20 min *240.2* ℃

3 風味想法的呈現

1 烘焙度

烘焙程度是影響咖啡風味最重要的一個關鍵。烘焙的溫度高低，決定咖啡烘焙的深淺。要認識咖啡風味的差異，就要先認識烘焙度，藉由掌握烘焙度深淺的差異，就能對於風味掌控有最基本的能力。

2 風味

1995 年，Ted Lingle 制定了**風味輪**（coffee flavor wheel），風味輪有兩個部分：

- **右半邊**：代表的是咖啡豆經過烘焙時產生的風味描述。
- **左半邊**：代表的是咖啡在製作過程中，因為不良環境儲放或不當烘焙，而產生的不討喜的風味，又稱為瑕疵缺陷風味。

不過，請記得，風味喜好是很主觀的，因此瑕疵缺陷風味，未必人人討厭，只能說是不當因素所產生的。

右半邊的咖啡風味輪，則是我們對於風味感受的主要感官，左半邊是咖啡味覺風味。

在風味輪中，由上而下，代表著烘焙度由淺而深會出現的風味。又將之分為三大區塊，由上而下，分別為：

- 酵素生成風味
- 醣類褐變反應風味
- 乾餾類型風味。

↗ SCA Coffee Taster's
Flavor Wheel 風味輪
（此為新版，2016年版）

咖啡風味輪

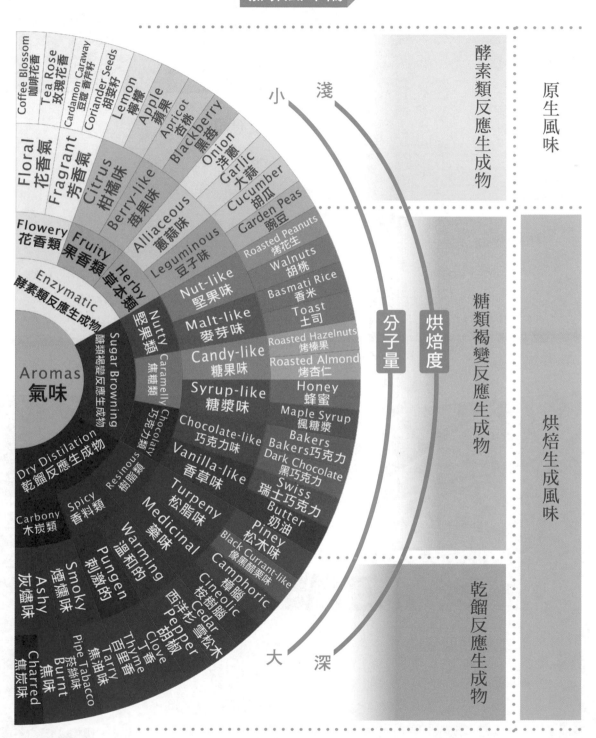

【資料來源】http://scaa.org/index.php?goto=home

1. 酵素相關風味

● **成因**：咖啡豆的品種、生長的風土環境、處理法等因素，使得咖啡在生豆時，就已經決定了的類型風味。

● **風味**：以花香調、水果調、蔬菜調為主。

酵素相關風味是生豆一開始就決定好的風味類型，是每款不同的豆子本質的特色風味，因此可以說是「**原生型風味**」。

2. 醣類褐變反應風味

● **成因**：咖啡豆因為其中醣類物質相關的化學反應，而生成的風味類型。主要有以下兩種反應：

1. 梅納反應（Maillard reaction）：由還原醣與胺基酸所進行的化學反應。
2. 焦糖化作用（caramelization）：以蔗糖為主的醣類物質產生的化學作用。

● **風味**：以核果調、焦糖調、可可調為主。

醣類褐變反應風味和**乾餾類型風味**，是藉由進一步的烘焙可以生成的物質，在大多數的咖啡生豆中都有機會產生，因此稱為「**烘焙生成風味**」。

3. 乾餾類型風味

● **成因**：當咖啡豆進入二爆的階段，主要是多醣類物質和其他一些化學物質會進入熱裂解狀態，會產生深焙特有的一些風味調性。

● **風味**：樹脂類、香料類、木炭類型的風味。

3 烘焙程度的主要風味變化

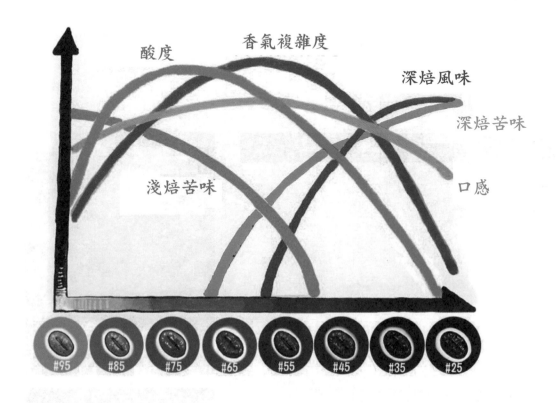

酸度

香氣複雜度

深焙風味

深焙苦味

淺焙苦味

口感

#95 #85 #75 #65 #55 #45 #35 #25

貳 烘焙機原理、種類和基本構造

一、使用於咖啡烘焙的器具

在過去數百年前來，咖啡的烘焙就跟在家做菜一樣，人們在家裡自己烹炒，所以早期的咖啡烘焙，是利用家中的烹飪器具來做烘焙。直到近代，才有為咖啡烘焙而專門設計的機械設備，也因此，烘焙的機械設備是從最早的簡單焙炒器具演變而來。

1 傳統的咖啡烘焙烹飪方式

一般家中常見可以拿來烘焙咖啡的器具有：

- 鐵網（烤）
- 鐵鍋（炒）
- 熱風烤箱（烘烤）

咖啡的烘焙過程，是一個只加熱、不加調味料的烹飪方式。藉由這種家中簡易烘焙器具的概念，我們可以進一步去認識烘焙機的設計。

↗ 傳統的咖啡烘焙烹飪方式

2 不同熱源設計的烘焙機

1 直火式

火焰／熱源可以直接
接觸到咖啡豆。

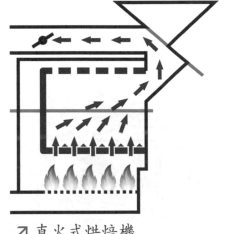

↗ 直火式烘焙機

2 半直火／半熱風式

火焰／熱源不會直接接觸咖啡豆，
烘焙時透過加熱鍋爐而間接加熱
咖啡豆，以及對空氣加熱，並使
熱空氣包圍咖啡豆。

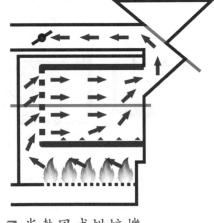

↗ 半熱風式烘焙機

3 熱風式

主要以熱空氣加熱咖啡豆。

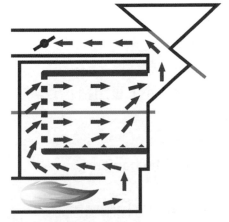

↗ 熱風式烘焙機

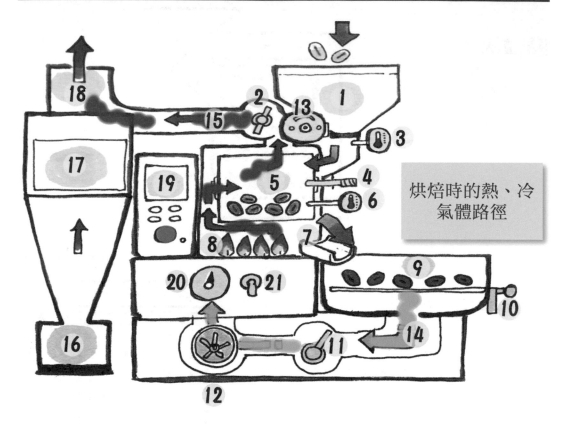

烘焙時的熱、冷氣體路徑

1. Green Bean Feed Hopper 生豆放置漏斗
2. Hot-Air Exhaust Damper 熱空氣排風閥門
3. Air Temperature Indicator 空氣溫度計
4. Trier 取樣杓
5. Roasting Drum 烘焙室
6. Bean Temperature Indicator
   烘焙豆溫度計
7. Drum Door Mechanism 下豆門把
8. Burner 燃燒器
9. Cooling Tray 冷卻盤
10. Cooling Tray Door Mechanism
    冷卻盤下豆門把
11. Cool Air Damper 冷空氣控制閥門

12. Cool Air Fan 冷風扇
13. Hot Air Blower Motor
    熱空氣送氣馬達
14. Cool Air 冷空氣
15. Hot Air Exhaust
    熱空氣排風
16. Chaff Cyclone Area
    銀皮分離槽
17. Fume Incinerator
    (After Burner)
    煙氣焚燒爐（後燃器）
18. Chimney 煙囪

三、烘焙記錄（roasting profile）

在烘焙的過程當中，有兩個數據是可以被監測、記錄下來的：

● 時間（time）
● 溫度（temperature）

隨著每一次的烘焙過程，連續記錄下來的數據，如果將其標示在 XY 軸的座標平面上，以 X 軸為時間數值，Y 軸為溫度數值，座標上數值的連續標示會顯示出一個曲線，這個曲線就是我們稱之為「**烘焙曲線**」，也就是所謂的**烘焙記錄**（roasting profile）。

深入研究烘焙曲線，可以探討出許多烘焙的現象，烘焙當中許多的設計與控制，也往往是從烘焙曲線的認識下手。如果要討論烘焙，目前全球烘焙師可以建立起的共通語彙，就是烘焙曲線。

烘焙曲線的控制，最主要的關鍵是熱能大小的供應，最直接的控制方式就是控制熱源的大小來做出變化（熱源的控制亦可由風力加以調節），而這也直接造成時間點上的溫度變化，因此要做到良好的烘焙曲線設計與控制，就是把熱源控制好，而達到期待的烘焙曲線。

咖啡烘焙各階段重點

一、烘焙過程的三個階段

第一階段 升溫乾燥（drying）
　　　　　由投入生豆至生豆轉黃

升溫乾燥的重點，是為咖啡豆提供熱能，
這個階段的豆體水分開始散失降低，豆子
不斷吸熱，為後續的烘焙階段蓄積熱能。

這個階段是由投入生豆開始計算，直至：

1. 豆子由綠色轉為黃色（轉黃點）
2. 並產生新的氣味

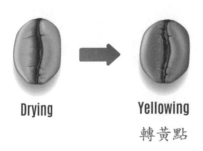

Drying　　　Yellowing
　　　　　　轉黃點

**克崔克降解作用
Strecker degradation**

是梅納反應過程中的一個中期反應,會產生揮發性的二氧化碳、酮、醛等化合物,尤其是醛,這是重要的香氣來源。

第二階段 烘焙(roasting)

由咖啡豆轉黃至咖啡豆出爐

這個階段是咖啡烘焙的主要階段,咖啡當中複雜的主要化學變化,原生香氣激發,梅納反應、焦糖化作用、史崔克降解(Strecker degradation)、熱裂解作用等,都在這個階段開始陸續進行,顏色持續的改變,風味不斷變化,而熱力也使咖啡豆產生氣體,進而讓咖啡豆得以持續膨脹。

第三階段 冷卻(cooling)

由咖啡豆出爐直到降至常溫

剛下豆時,餘溫仍會持續進行,因此需要快速有效率的降溫,避免產生風味改變。

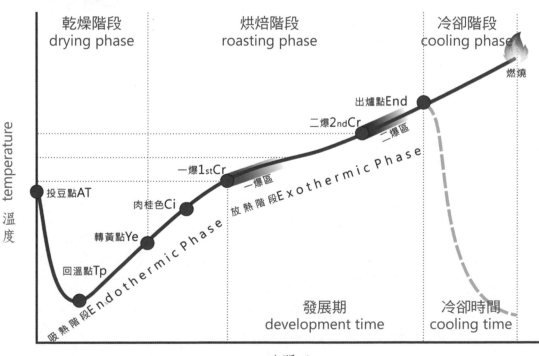

二、烘焙過程的注意事項

1 烘焙曲線過程中必須特別記錄標示的點

在烘焙過程中,有一些特別的現象狀況,或是必須控制好的關鍵位置,我們在烘焙曲線記錄的過程中,必須特別標記出來,這些點分別如下。

1 **進豆點**

我們所設定投入咖啡生豆至鍋爐中的溫度,時間是 0。

2 **回溫點**

投入咖啡生豆後,溫度會先快速下降至一個平衡的溫度,稱之為**回溫點**,之後溫度開始上升。

3 **轉黃點**

烘焙第一階段與第二階段的分界,也就是生豆由綠轉黃,氣味開始轉變的位置。

4 **一爆點**

咖啡豆在烘焙至某一個高溫狀態時,因為豆體內部的高溫水蒸汽產生壓力,到了一定的壓力下,會使咖啡豆本身的結構無法再承受這個壓力,因此產生了第一次的爆裂,這稱之為「**一爆**」。

5 　二爆點

隨著整體的一爆結束，在經過一段溫度時間後，因為更高的溫度咖啡豆內會開始進入**熱裂解**的階段，分解出以 CO_2 為主的氣體。這些氣體會在豆體內再一次產生壓力，進而使豆體再次被撐裂，這就是二爆的狀況。視烘焙的設定程度，二爆不一定會在烘焙過程中出現。

6 　下豆點

當咖啡烘焙達到了設定的溫度與時間，讓咖啡豆離開烘焙鍋爐，進入冷卻階段。

2 　烘焙過程中我們該留意

在每一個批次的烘焙過程中，應該保持一致的動作與習慣，每一次的烘焙都是一個創作，也都是一個學習。

3　感官記憶：經驗的累積

在進行烘焙的過程，一個優秀的烘豆師會把自己的感官雷達開啟到最大、最敏銳的狀態，因為烘焙當中有許多訊息代表著豆子正在發生的變化，而烘豆師的感官正是去得知這些變化的依靠。

透過視覺

可以觀察到咖啡豆顏色的變化，看到排煙的狀況。

我們的聽覺

可以感受到豆子質量、密度和軟硬的改變，能聽到烘焙過程產生的爆裂聲。

透過敏銳的感官嗅覺

可以察覺到細微氣味的產生與變化。

我們的觸覺

可以感受到溫度的變化，以及能量的轉移。

4　烘焙記錄：表格的使用、儀器的輔助、數據記錄

烘焙過程中，除了烘豆師的感官感受外，現在也有許多的儀器可以記錄整個烘焙過程中的各種數據，例如：生豆的水分、密度、水活性、重量，烘焙過程的溫度、時間、氣流壓力，烘焙完成豆子的烘焙度、失重，烘焙環境的溫溼度、氣壓。這些數據的記錄，除了是對當次烘焙的檢驗，長期累積下來的經驗，更是修正與調整烘焙的重要參考。

建立「**烘焙記錄**」（Roasting Profile），能為我們在做烘焙工作時帶來非常多的幫助，包括：

1. 提升咖啡品質
2. 訓練一致性與再現性
3. 質量控制
4. 提升工作效率
5. 繼續學習
6. 訊息共享

烘焙計畫紀錄表

日期 __107__ 年 __5__ 月 __22__ 日　　時間 __10__ 時 __48__ 分

溫度 __29__ ℃　　濕度 __64__ %　　天氣 __1011.1 陰__

烘焙器材 __EX04__

記號使用

下豆 ⊙	回溫 ↑	一爆 +	二爆 *	出爐 →
		升溫℃ /min 自建		

生豆資訊　產地　__Ethiopia__

__HARU__　__Adulina__

來源 __Yirgalstette G2__ 其他

生豆重 __2000__ g　含水率 __9.8__ %　密度 __826__ g/L

熟豆資訊　熟豆重 __1724.5__ g

失重 __13.8__ %　烘焙度 __Mit Lig__　Agtron __65.7__ 豆 __71.1__ 粉

烘焙時間 __10__ 分 __00__ 秒

杯測 __花、水果、Limon__

烘焙筆記 __正常方法__

杯測	FA 775	FL 775	AF 725	AC 75	BO 725	BA 75	OV 775	FS 82.75

°C 每格 2℃	時間	火力	風力	轉速
0:	0	130	0	75
			3	
8:	100		0 +2	

升溫記錄數值：
120, 100, 99.0, 107, 116.4, 126.3, 135.8, 143.8, 151, 158, 165, 171, 176, 184, 186, 197, 201, 205

（標記）10, 10, 9, 9, 8, 8, 7, 7, 6, 6, 5, 5, 5, 5, 6, 4, 4

烘焙計畫紀錄表　本表格可放大拷貝使用

日期 ＿＿＿年＿＿＿月＿＿＿日　　時間 ＿＿＿時＿＿＿分

溫度 ＿＿＿°C　濕度 ＿＿＿%　天氣 ＿＿＿

烘焙器材 ＿＿＿

記號使用			
升溫°C/min 自建		出爐	→
下豆	⊙	一爆	＋
回溫	↑	二爆	＊

溫度刻度：260 250 240 230 220 210 200 190 180 170 160 150 140 130 120 110 100 90　°C（每點2°C）

時間：0 1 2 3 4 5 6 7 8 9 10 11 12 13 14 15 16 17 18　min

生豆資訊：產地　其他　來源

失重 ＿＿＿%
生豆重 ＿＿＿g
熟豆重 ＿＿＿g
烘焙度 ＿＿＿%
含水率 ＿＿＿%
密度 ＿＿＿g/L
Agtron　豆 ＿＿＿　粉 ＿＿＿
烘焙時間 ＿＿＿分＿＿＿秒

熟豆資訊

杯測	FA	FL	AC	AF	BO	BA	OV	FS

烘焙筆記

火力　風力　轉速

5 意識面

烘焙是一個需要高度集中注意力的工作，因此在意識面必須用心、專心、耐心、謹慎，另外還有一個很重要的，就是要保持愉快！這是有趣的經驗，不論是製作食物的人，還是食用的人，心情都會影響食物的風味！

其中的道理不難理解，因為人心情愉快時，感官會處在高度敏銳的狀況，對於食物的處理就會有更細緻的結果。

↗ 咖啡烘焙師在工作時，應保持愉快的心情，這樣可以讓感官處在高度敏銳的狀態中。

三、烘焙結束後的工作重點

現場只要機器有在運作，人就不該離開！烘焙結束之後，有以下四項工作重點：

1. 關閉熱源，讓烘豆機風扇持續運轉散熱至關機。
2. 待機器完全冷卻後關機。
3. 清潔集塵桶與冷卻槽（可避免味道殘留，更可避免餘灰復燃）。
4. 再次確認電源、熱源關閉後，才可離開現場。

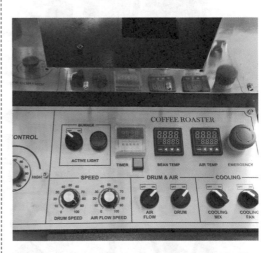

↗ 咖啡烘焙機的儀表板。烘焙結束之後，電源和熱源開關都要關掉。

咖啡烘焙機處於高溫運作環境的設備,而且咖啡豆和烘焙過程會產生**銀皮**與**粉塵**等,加上有電力、易燃液體等,如果在清潔保養上有所疏忽,或是烘焙過程有所疏失大意,都極為容易發生火災。

下面的圖示也說明了烘焙機很容易產生火災的一些區域。

烘焙機易產生火災區域圖

四、完成烘焙記錄

烘焙度 → 感官記憶 或 樣品對比 或 烘焙顏色（Agtron）

$$\textbf{失重比（WL\%）} = \frac{\text{烘焙前重量} - \text{烘焙後重量}}{\text{烘焙前重量}} \times 100$$

★ **杯測與檢討**：每次烘焙結束之後，都要檢驗自己的成品。

五、咖啡豆的保存

我們要隔絕對咖啡風味的五大傷害：

1. 氧氣
2. 水氣
3. 光線
4. 高溫
5. 時間

這是咖啡豆風味會衰減變質的五大主要因素，因此在烘焙完成後的保存，務必以對抗這五項的影響為重點。

第五章

[咖啡萃取]

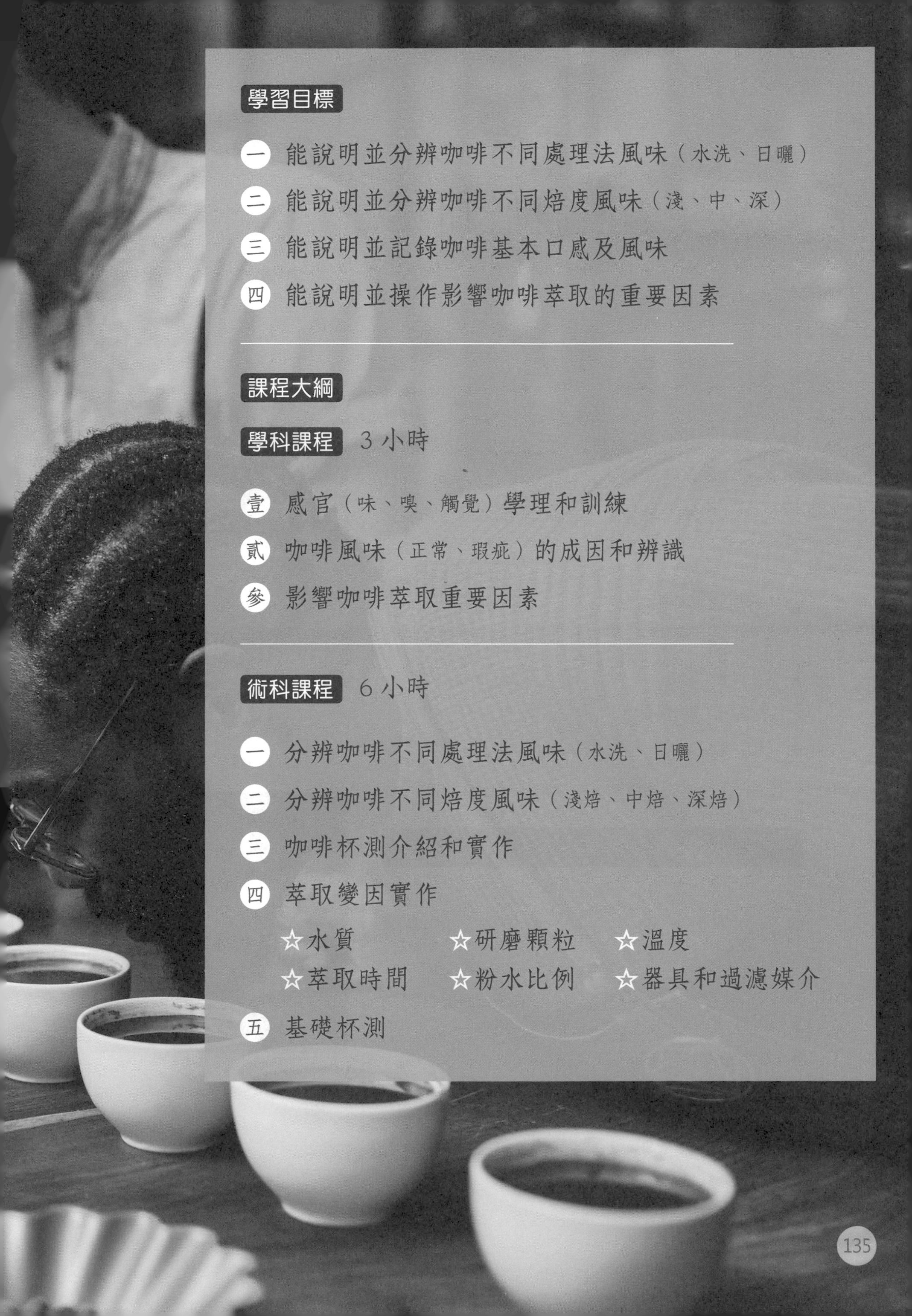

一 能說明並分辨咖啡不同處理法風味（水洗、日曬）

二 能說明並分辨咖啡不同焙度風味（淺、中、深）

三 能說明並記錄咖啡基本口感及風味

四 能說明並操作影響咖啡萃取的重要因素

課程大綱

學科課程　3 小時

壹 感官（味、嗅、觸覺）學理和訓練

貳 咖啡風味（正常、瑕疵）的成因和辨識

參 影響咖啡萃取重要因素

術科課程　6 小時

一 分辨咖啡不同處理法風味（水洗、日曬）

二 分辨咖啡不同焙度風味（淺焙、中焙、深焙）

三 咖啡杯測介紹和實作

四 萃取變因實作

☆水質　　☆研磨顆粒　☆溫度

☆萃取時間　☆粉水比例　☆器具和過濾媒介

五 基礎杯測

壹 感官（味、嗅、觸覺） 發展簡述

咖啡經由種植、採收、處理、篩選、烘焙
等流程，最後交由消費者決定咖啡價值，
而一般消費者據以判斷的標準就是萃取
（extraction）飲用，因此這個章節課程主
要提供以下專業知識：

- 認識感官（味、嗅、觸覺）學理
  和訓練
- 認識咖啡風味（正常、瑕疵）的
  成因和辨識能力
- 探討影響咖啡萃取的幾個重要因素

一、味覺

當食物或飲料進入口中，會由舌頭的味蕾
接收五種基本味覺：

- 酸味
- 甜味
- 苦味
- 鹹味
- 鮮味

當舌頭受到環境的刺激，味覺細胞和支持細胞便會啟動神經脈衝，來偵測物質，而匯集這些細胞的突狀接受器，稱為**味蕾**，醫學上稱「乳突」。舌頭表面的味蕾細胞分布愈多，敏感度就愈高，與大腦的連結也比較多，訊息也相對豐富，所以能感覺的味道也比較強烈。

味蕾崎嶇不平的結構遍布舌頭表面，科學已驗證，舌面的味蕾細胞皆能接受不同的味道，但密度較多的味蕾細胞，察覺的敏感度較高。

認知實驗統計發現：

● 甜味接受器：多分布在舌尖
● 鹹味接受器：多分布在舌頭兩側前緣
● 酸味接受器：多分布在舌頭兩側中後緣
● 苦味接受器：多分布在舌頭根部
● 鮮味接受器：多分布在口腔後方咽頭入口處

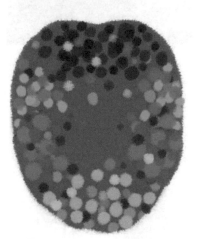

 甜　　鹹
 酸　　苦

每個味蕾接受器的訊息，匯集到大腦味覺中樞，大腦再根據各接收器訊息的相對強度，整合味覺整體的感知形式。

在人類味覺演化的過程中，甜味被視為營養物質，所以接受後會產生愉悅感覺；而苦味認知被視為有毒植物物質，習慣會避免接觸，因此，在食物或飲料中苦味物質含量即使微量，仍然容易被察覺。

二、嗅覺

在人類的感官系統中，嗅覺系統是指感受不同氣味（化學物質變化）的感覺系統，主要是由**嗅神經系統**（鼻前嗅覺）和**鼻三叉神經系統**（鼻後覺）兩個感覺的系統所構成，藉以感受氣體與液體產生的化學變化。

品嚐食物必須依賴嗅覺系統與味覺系統共同合作，才能品嚐到真正的美味，因為舌頭上的味蕾只能分辨五種味覺特性（酸、甜、苦、鹹、鮮），其他的風味則必須依靠鼻腔嗅覺系統中的神經細胞來接收物質的氣味，因此如果鼻子掐起來進食，會覺得索然無味，這也說明嗅覺系統在風味品評扮演的重要關鍵角色。

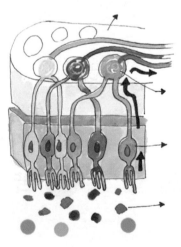

↗ 嗅覺傳導模擬圖

美國聖路易華盛頓大學化學暨神經科學系林天送教授，在 2010 年 1 月 445 期《科學發展期刊》發表〈嗅覺與味蕾受體的新發現〉的文章中，提到兩位研究嗅覺的諾貝爾醫學獎得主的科學家巴克（Linda Buck）和艾克謝爾（Richard Axel）教授。他們發現，鼻腔上端內皮層薄膜遍佈上千個嗅覺受體。受體能接收並感受到體外的氣味變化。雖然單一嗅覺受體只能分辨少許氣味，但因為嗅覺受體數量龐大，因此可以接收並感受數千種氣味的變化。

這兩位科學家也發現氣味傳遞和建立記憶的模式。當鼻腔接收到體外的氣味分子時，會立即與受體鏈結作用，激化受體的細胞，並將生成的辨識電波傳送到嗅蕾上的微型嗅球，再傳導到腦部神經區位。此時在腦部的腦皮層會把各種傳遞的氣味逐一辨識、建檔，形成氣味記憶。

三、觸覺

感官品味一杯萃取完全的咖啡，除了味覺系統、嗅覺系統，還需要觸覺系統。觸覺系統是指分布在皮膚上的神經細胞，接受來自體外的壓力、溫（濕）度、疼痛程度、滑順或粗糙等方面的感覺。

而舌面上的味覺與觸感的接收器共同分布，味覺接收器主要是接收蛋白質物質成分的化學訊號，而觸覺則是會與接觸的物質產生離子作用，味覺與觸覺再將接受的訊息傳遞到大腦的神經系統，並據以留存，因此會有不同感知的腦海記憶。

另外，觸覺在咖啡感官運用上，除了溫度感知，會特別用在濃淡（醇厚或清淡）的感官認知上。

貳 咖啡風味（正常、瑕疵）的成因和辨識

一、咖啡風味來源

本章節主要探討：

◆ 這些成分經烘焙加熱後，
　會產生哪些咖啡風味？

◆ 瑕疵風味又是如何產生？

◆ 該如何辨識和預防？

咖啡香氣是易揮發的有機化合物，是由咖啡成分內含香氣的前驅物質（醣類、胺基酸等），經烘焙加熱後，重新降解與聚合後，所產生的化學化合物，目前已知有一千種以上的香氣化合物被鑑定出來。其中包含各種碳氫類化合物、醇類、醛酮類、酸類、呋喃類（Furans）及吡咯類（Pyrroles）、口派嗪類（Pyrazine）、吡啶類（Pyridines）異環化合物，這些香氣化合物從口腔與鼻子相連的小通道受體揮發，這就是咖啡鮮明、迷人又多樣的風味來源。

香氣化合物除了具備揮發性，<u>分子量也須介於 26–300 之間</u>。一般而言，香氣物質的分子量都在 200 左右，葡萄糖分子量是 180，而砂糖分子量是 340，所以砂糖常溫時沒有香氣，經加熱焦糖化後，才會產生味道。

另外，香氣化合物還須具備<u>弱親水性及強親脂性</u>，碳數須低於 16 個。常態下，如果香氣化合碳數少，會產生濃郁但持續時間短現象；反之，碳數多，則會變成細緻而持續時間長的現象。

咖啡生豆經烘焙加熱升溫約到攝氏 118 度，會開始產生**褐變反應**（梅納反應、焦糖化反應）。

梅納反應是糖與胺基酸、蛋白質加熱後產生的化學變化，這是 1912 年法國化學家 Louis-Camille Maillard 所發現。發生梅納反應時，會產生特殊迷人的「味道」與「氣味」。

當再加熱升溫至約攝氏 185 度後，則會進入「**焦糖化**」（caramelization）反應階段，這是糖脫水的過程。在此加熱過程中，分子開始瓦解而散發出風味複雜的揮發性物質，並產生苦味，顏色越深，味道越苦。

在咖啡烘焙過程中，咖啡所含成分的**綠原酸**，會因熱力而產生化學變化，轉換成甲酸、乙酸、乳酸、醋酸等有機酸香物質。

咖啡在淺焙至中焙階段，為褐化反應初期（梅納反應、焦糖化反應），因此酸香物質含量最多。

而咖啡的**蔗糖**在受熱後，會轉化為葡萄糖、果糖、乳糖、麥芽糖等還原糖，這些還原糖在褐化反應時，與胺基酸及蛋白質進行化學作用，經過複雜的降解與聚合後，轉變成數百種以上的香氣物質。

在咖啡烘焙熱裂解階段部分的**綠原酸**，會再被轉為**綠原酸內脂**（chlorogenic acid lactone），這也是日本咖啡大師田口護所說的「帶苦味的良好物質」。另外一個主要的苦味來源，是由**葫蘆巴鹼**降解而形成。

咖啡在最後烘焙階段，菸鹼酸和其他物質會轉化帶有煙燻或胡椒等乾餾香氣物質。在咖啡科學研究中，目前已經發現咖啡烘焙後產生一千種以上的香氣物質，這也是咖啡讓人著迷的風味。

二、咖啡瑕疵風味

人類對瑕疵味道特別敏感，即使僅占總體非常細微的含量，仍會影響整體風味，而通常會造成咖啡的瑕疵味道，主要因素為空氣、水、溫度和保存方式。

本節將提供從咖啡果實自採摘到烘焙前，各階段容易造成瑕疵的原因，以便有所認識並處理預防。

↗ 採收咖啡豆

↗ 咖啡豆發酵

↗ 咖啡豆的倉儲

1 採收階段

在採收咖啡果實的階段，如果撿拾潮濕泥土上的咖啡果實，恐有微生物感染，而形成黴菌瑕疵的風險，如果有這個情況，會產生夾雜霉味、土味、酚味等瑕疵味道，嚴重時會造成危害健康的赭麴毒素。另外，咖啡果實如果未成熟就被採摘，會有稻桿味或青草澀味。

2 脫果皮浸水發酵階段

在脫果皮、浸水發酵階段，水質如果遭汙染，會導致汙染性發酵，產生刺激性酸臭味（優碘）和噁心感的味道，嚴重時會變成黴菌汙染。

3 儲存階段

咖啡果實發酵後，須乾燥脫水，完成後入倉儲存放，此時如果未合乎乾燥標準，或是倉儲環境濕熱，都容易讓黴菌孢子滋長而產生霉味。最後，咖啡生豆的儲存環境如果溫度太高，或是保存的時間過久，會讓生豆的水分流失，萃取後會有腐木味道。

因此，除了注意生豆的篩選、保存的環境和方式，建議消費者選擇新鮮咖啡豆萃取飲用，而這也是本地咖啡的最大優勢。

三、咖啡風味開發

目前，國際咖啡界為辨識咖啡香味而開發出**咖啡香瓶**（法國咖啡 36 味、韓國咖啡百味），法國酒鼻子公司（Le Nez du Vin）生產的咖啡 36 味香瓶，主要將咖啡區分為酵素、乾餾、焦糖、其他（瑕疵）四個群組，再搭配「美國精品咖啡協會」（Specialty Coffee Association of America, SCAA）開發出的咖啡風味輪（舊版），來驗證咖啡風味。

ㄱ 咖啡香瓶

韓國生產的咖啡百味，則是配合美國精品咖啡協會新版的咖啡風味輪，依統計的方式列舉熟悉的咖啡風味。

這兩種香瓶都是希望提供大眾能具體了解咖啡烘焙後香氣化合物的種類，當然直接向大自然取材，留意及熟悉各類花草樹木氣味，相信也能提升感官（味、嗅、觸覺）能力。

影響咖啡萃取重要因素

咖啡在飲用前的萃取原理，是 用咖啡物質在水中溶解的差 （一杯咖啡中，水占 98.5 的比例），透過高溫萃取，將咖啡溶水物質溶解成咖啡液。

↗ 咖啡萃取圖

咖啡生豆經烘焙後，產生近千種物質，以水過濾或浸泡萃取，就產生了咖啡液體。經實驗發現，咖啡熟豆經過萃取，扣除掉纖維和無法溶解的物質，最多可被溶出的物質占總量約為 30%。

如何了解及掌握以下的變因，萃取出風味迷人（最佳化）的咖啡，是本節授課的重點。

一、水質

在咖啡液體中，水占總體物質約 98.5％，因此使用何種水質的水來沖煮咖啡，是否會對萃取風味產生影響？咖啡達人邵長平博士所發展的〈水質指標與咖啡風味〉文章系列中寫到，水質中溶於水的固體物質（total dissolved solids，**總溶解固體量**，簡稱 **TDS**），對咖啡萃取會有影響。

那麼，如何了解並取得符合自己口味的水質？這是目前咖啡愛好者關注的議題，而水質中 TDS（總溶解固體量）含量的多寡數值，對萃取咖啡的口感，會造成什麼樣的差異？其原因為何？

水的來源可以分成這兩大類：

- 地表水：河流湖泊等，TDS 通常較低。
- 地下水：水滲入地底後的水，TDS 通常較高。

在水滲入地底的過程中，會溶解一些可以溶於水的礦物質（例如，鎂、鈉、鈣等物質，通稱鹽類），因此地下水可以量測到這些礦物質。這些溶於水中的物質，在萃取咖啡時，會與咖啡內含物質進行化學變化，而這些變化會影響咖啡的口感。

↗ 水占咖啡液體總體物質約98.5％

↗ TDS（總溶解固體量）水質檢測筆

最合適沖泡咖啡的
水質，軟硬度為：

125ppm–175ppm

「SCA 精品咖啡協會」出版的《水質》（*Water Quality*）一書中，針對不同 TDS 的水質，進行咖啡萃取，並進行感官品評。（SCA 杯測水質 TDS 範圍為 125 ppm–175 ppm）其結論是：

◆ 使用高 TDS 數值的水質來進行咖啡萃取，會失去平衡的酸和醇厚度，較無香氣（aroma off），較無刺激，並有帶澀的觸感。

◆ 使用低 TDS 數值的水質來進行咖啡萃取，會感覺到明顯銳利的酸，而且醇厚度較低。

這些數據和描述，雖然是以美國人的角度所做出來的，但為何會有如此的現象呢？使用低 TDS 數值的水質來萃取咖啡、煮咖啡，會感覺到明顯銳利的酸、醇厚度較低，部分原因可能是因為鹽類含量少，而鹽類的存在，會減緩咖啡粉中酸性物質的融解。

當水溶液中鹽類的物質比較少（也就是 TDS 數值低），會溶解出咖啡的酸比較多，再加上低 TDS 數值的緩衝能力（buffer, alkalinity）相對較差，因此可能無法進行酸的中和，進而影響醣類和油脂的釋放（low body）。

不過，目前對水質的 TDS 數值只能呈現可溶解水的物質數量，而無法準確了解各個物質的含量。以不同區域為例，即使水質

TDS 量測都為相同數值的水質，水中所含的物質並不一定相同。

因此，本初階課程主要是以盲測方式，來和學員探討不同 TDS 的水質與咖啡萃取的口感品評。水質的更詳盡介紹，將於日後課程再做說明。

二、研磨顆粒

咖啡研磨的粒徑，與咖啡萃取有很大的關聯。隨著時代演進，磨豆機從手動至電動，形式和大小有很多變化。挑選磨豆機有一些常見的考量：

1. 研磨時，溫度不要太高，以免影響咖啡風味。
2. 研磨顆粒要均勻，並且不要有太多殘粉。
3. 刀盤的形式（平刀、錐刀、鬼齒刀）。

本節課程將以不同刀盤，以及研磨顆粒粗細各為單項變因，與學員品評，並探討咖啡萃取風味的差異性。

磨豆刀盤　平刀

磨豆刀盤　錐刀

磨豆刀盤　鬼齒刀

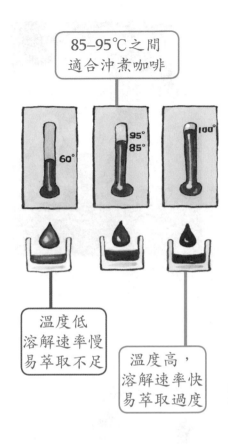

85–95℃之間
適合沖煮咖啡

95°
85°
60°
100°

溫度低
溶解速率慢
易萃取不足

溫度高,
溶解速率快
易萃取過度

三、溫度

溫度的高低,會影響咖啡萃取的溶解效率。單以溫度為變因,兩者關係為:

● 溫度較高,溶解速率較快。
● 溫度較低,溶解速率較慢。

一般咖啡沖煮的溫度,介於 85–95℃ 之間。SCA 精品咖啡協會建議的最佳萃取溫度為:90.6–96.1℃(195–205 ℉)。

● 溫度超高,容易過萃。
● 溫度太低,則容易萃取不足。

另外,如果選用不同烘焙度的咖啡來沖煮萃取,淺焙與深焙的沖煮溫度,是否有差異?何者較佳?在與學員咖啡萃取實作後,我們會進行品評和探討。

第五章　咖啡萃取

參　影響咖啡萃取重要因素

149

四、萃取時間

時間也是影響咖啡萃取風味的重要因素。萃取咖啡主要靠溶解及擴散，單以時間變因，也會因過濾或浸泡萃取方式而有所差異。

因為無法在不同時間均萃取相同濃度，因此須掌握所使用咖啡器具的沖煮時間。不管是過濾或是浸泡方式，萃取時間太久，容易產生雜味或澀味，苦味也會增強。這在與學員實作後，將進行討論。

五、粉水比例

每個人品嚐咖啡的喜好，極為主觀，因此咖啡萃取的**粉水比例**並無標準答案。目前大家普遍參考由 Ernest Eral Lockhart（1912–2006）的咖啡理想濃度統計研究而發展出的「**金杯理論**」，以此做為調整的依據。

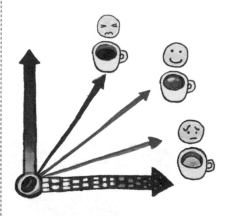

↗ 咖啡粉水比例 & 濃度變化

而粉水比「1：18.18」較能萃取符合**金杯理論**標準的咖啡，這個比例是否世界通用？如何調整咖啡飲用者喜好的粉水比例，在與學員咖啡萃取實作後，將進行品評及探討。

六、器具及過濾媒介

咖啡的沖煮器具和不同材質的過濾媒介，對咖啡萃取的風味也會造成差異，本節將使用下列四項咖啡器具，來教導學員操作：

- 手沖（hand drip）萃取
- 虹吸（syphon）萃取
- 聰明濾杯（Mr. Clever Dripper）萃取
- 愛樂壓（Aeropress）萃取

咖啡研磨的粒徑與咖啡萃取，也有很大的關聯。本節課程將以不同刀盤（平刀、錐刀、鬼齒刀）和研磨顆粒粗細為變因，來和學員品評探討咖啡萃取的差異性。

手沖萃取

虹吸萃取

聰明濾杯萃取

愛樂壓萃取

七、最佳化萃取

了解影響咖啡萃取的各項重要因素之後，要介紹前面提到的「**金杯理論**」。所謂金杯理論，指的是美國精品咖啡學會經過問卷調查統計後，認為沖煮一杯廣受大眾接受的咖啡成品，應該同時具備兩個標準範圍比率：

1. **萃取率**範圍：口感較佳的咖啡，萃取率應在 18–22%
2. **濃度**範圍：咖啡物質溶水的濃度應在 1.15–1.35% 範圍

在歐洲，因為口味不同，在<u>濃度方面</u>也有所不同，例如：

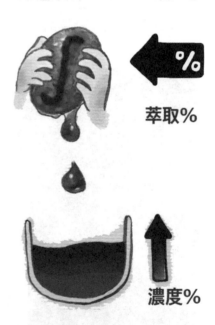

萃取%

濃度%

◦ 歐洲精品咖啡協會（SCAE）：1.20–1.45%
◦ 挪威：1.30–1.55% 範圍

當然，因為生活和飲食習慣的不同，各個國家區域都會有差異。亞洲各國也可以進行屬於自己的最佳化萃取統計研究。

以下計算方式以大家最常使用的手沖濾過式咖啡為例：

$$咖啡萃取率 = \frac{濃度 \times 咖啡成品重量}{咖啡粉重}$$

八、結語

上述影響咖啡萃取的重要因素,都可以依靠現今科技器具的控制,掌握精確及重現性的成果。然而,咖啡飲用文化的多元呈現,卻是由感性的咖啡人所創造的,因此除了理性的科學驗證,也期盼學員能熱愛咖啡,涵養咖啡知能,透過不斷的體驗、練習而熟能生巧,沖煮飲用者喜愛的美味咖啡。

↗ 手沖咖啡分段萃取

第六章

[咖啡器具]

學習目標

一　能說明咖啡萃取的器具名稱和演進

二　能操作手沖、虹吸、聰明濾杯

課程大綱

學科課程　1 小時

壹　咖啡器具演進

貳　咖啡器具使用步驟圖解說明

☆濾泡器具：手沖壺、美式咖啡壺、
　　　　　　越南濾杯、冰滴壺

☆浸泡器具：虹吸壺、聰明濾杯、土耳其壺、
　　　　　　法式濾壓壺、比利時壺、愛樂壓

☆熱壓器具：摩卡壺、義式咖啡機

術科課程　2 小時

壹 咖啡器具演進

一、土耳其壺（ibrik）

咖啡的真正歷史已不可考，傳說在西元1600年左右，阿拉伯世界的土耳其開始飲用咖啡。**土耳其沖煮咖啡的方式為：**

1. 使用<u>土耳其咖啡銅壺（ibrik）</u>，將冷水、咖啡粉（較細研磨顆粒）、糖、香料（肉桂、豆蔻、丁香等）等，一起放入煮具。

2. 使用<u>以小火慢慢熬煮</u>，等到沸騰後再添加冷水，熬煮過程需均勻攪拌。

3. 等到第三次液體沸騰後，即可關火。

此時就可享用一杯香醇濃郁的土耳其咖啡，土耳其咖啡飲用後，可倒置杯內的咖啡粉末於咖啡盤中，依粉末呈現的圖形，來預測今日的運氣，形成另類趣味。

↗ 土耳其銅壺（ibrik）

↗ 咖啡渣占卜

↗ 賽風壺（syphon）

二、賽風壺（syphon）

賽風壺（syphon），亦即**虹吸壺**，是由德國的洛夫（Loeff）在 1830 年所發明的咖啡沖煮器具。1842 年，由法國的瓦瑟夫人（Vassieux）申請專利並真正商業化。1915 年之後，因為耐熱玻璃的生產，大幅改善賽風壺容易碎裂的問題。

賽風壺沖煮咖啡的原理，是利用水沸騰時產生的壓力來烹煮咖啡，因此器具的中間構造是以導管連接上下兩個咖啡壺。

賽風壺的沖煮咖啡的方式為：

1. 上壺用來放置咖啡粉，而裝滿熱水的下壺會先熱源加熱。

2. 當下壺水蒸汽的體積隨著溫度而增加時，就會使水通過導管，到達上壺，受到源源不絕的水蒸氣支撐，在上壺沖煮咖啡。

3. 在下壺熱源移除後，地心引力會將上壺萃取咖啡，經過濾網，落入下壺。

這樣的烹煮方式非常吸引大眾的目光，旋即在咖啡器具中扮演重要的角色，後來經由日本大力商業推廣，因此許多人誤以為這項咖啡器具起源於日本。

三、法國濾壓壺（French press）

因為耐熱玻璃的出現，1850 年，法國出現了第一個「玻璃咖啡壺」。一位法國金屬技工將有網眼的錫箔上下包覆法蘭絨，然後連接壓桿，以「**活塞過濾咖啡**」的方式來萃取咖啡。因為這種咖啡壺萃取的咖啡會保留咖啡美味的油脂，使用上又方便，因此在咖啡器具造成一股風潮。

1930 年，義大利籍的發明家卡利曼（Attilio Calimani）依據「玻璃咖啡壺」的設計原理加以改良，製作出更便利的咖啡器具，而因為是根據法國人之前的設計而改良，所以卡利曼將這項發明命名為「法國壓」。

↗ 法國濾壓壺（French press）

四、義式咖啡機

在 1884 年，義大利都靈的一位工廠老闆莫里昂多（Angelo Moriondo）製造出能夠分別控制高溫熱水和蒸氣壓力來萃取咖啡的機器。**義式咖啡機**（espresso coffee machine）的設計原理，是利用 9 大氣壓 95 度的高壓蒸汽，用極短的時間（25–30 秒），來萃取一杯濃縮咖啡（25–35 CC），這對於不耐等候又想立即享用咖啡的人士來說，真是一大福音。

↗ 義式咖啡機（espresso coffee machine）

↗ 手沖濾杯
（coffee filter）

五、手沖濾杯（coffee filter）

1908 年，一位德國的家庭主婦班茲（Melitta Bentz），出於好奇，她以孩子的吸墨紙來做咖啡萃取的實驗。她先在銅鍋底部打一個小孔，做成「濾杯」原型，再用剪刀將吸墨紙剪成一個圓形後，置於濾杯上方，最後將咖啡粉倒入圓形紙內，以熱水來萃取咖啡。

因為吸墨紙的質地輕薄，而且濾咖啡粉渣的功能極佳，因此萃取出的咖啡風味乾淨甜美、較無苦味，又無咖啡殘渣，因此一推出就風靡全球。今日，雖然過濾式咖啡器具仍不斷演進出新，但是班茲的三孔、四孔濾杯仍占有一席之地。

↗ 摩卡壺咖啡（Moka Express coffeemaker）

六、摩卡壺

高溫高壓萃取的義式濃縮咖啡風味迷人，但昂貴的機器並非每個家庭都有能力購買，而且攜帶不便。

1933 年，義大利的龐迪（Luigi De Ponti）和比雅內（Alfonso Bialett）發明了摩卡壺咖啡（Moka Express coffeemaker）沖煮器具，其原理是利用水沸騰時所產生的壓力來烹煮咖啡。

咖啡壺分為上、中、下三層，**上壺**以導管連通中層濾網，**下壺**用來盛水並置洩壓氣孔，當對壺底部加熱時，熱水會因高溫而產生水蒸氣，當水蒸氣產生的壓力增加時，就會將熱水自導管壓至中層濾網（咖啡細粉至於濾網上的置粉杯），以萃取咖啡，最後再由上壺導管流出咖啡液。當咖啡液體全部流出後，便可移除下壺熱源。

摩卡壺的風味不同於義式咖啡機的風味，呈現出另一種迷人的咖啡風味。使用摩卡壺沖煮咖啡時，要注意的是咖啡粉研磨較細且<u>無須填壓</u>（避免熱水無法通過濾網），而摩卡壺萃取出的咖啡，會比一般濾泡咖啡濃郁。

↗ 摩卡壺咖啡（Moka Express coffeemaker）

七、美式咖啡壺

1960 年，美國發明了電動滴濾壺，就是市面流通的美式咖啡壺（American coffee machine），其發明的靈感來自咖啡手沖器具，將熱水壺、濾杯、咖啡壺一體成形。因為咖啡壺直接可在濾斗內加裝濾紙或濾網去渣，按鍵後便會自行操作萃取咖啡，取代人力的手沖器具，因此成為家庭最便利的咖啡器具。

↗ 美式咖啡壺（American coffee machine）

↗ 聰明濾杯（Clever
Coffee Dripper）

八、聰明濾杯

1996 年，位於台灣的宜家貿易公司負責人田蓉蓉改良沖茶器而催生**聰明濾杯**（Clever Coffee Dripper），聰明濾杯主要將手沖濾杯的濾紙與溝槽設計，和法國壓的浸泡原理巧妙結合，外型如一般梯形手沖濾杯，最大的不同處為底下的活閥設計，能讓濾杯扣壓在容杯時，咖啡液才能進行濾流。另外並貼心提供兩項配件：濾杯「上蓋」可在沖泡時保持溫度，避免降溫太快；「滴水盤」則方便用來放置沖泡後的濾杯。

九、冰滴咖啡

冰滴咖啡（cold drip coffee）相傳是在 18 世紀航海時代，由荷蘭商人所發明的咖啡萃取器具，主要是當時無冷凍器具，咖啡豆不容易保存，而使用較低溫度萃取咖啡後，發現因未溶出咖啡油脂而可以長時間保留風味，而且這種低溫萃取製作出的咖啡不會苦澀，仍保有甘甜口感。咖啡風味隨著冷藏時間，產生類似酒釀的風味變化。

↗ 冰滴咖啡
（cold drip coffee）

冰滴咖啡的萃取原理，是利用擁有上、中（咖啡粉杯）、下壺的冰滴壺套組，將冰塊置於上壺、咖啡粉置於中間的咖啡粉杯（粉杯下方置濾網），等待冰水經過咖啡粉，萃取咖啡液，並經滴漏至下壺，經過幾天的冷藏，能品嚐到散發酒釀咖啡的醇郁口感，因此美味值得等待。

貳 咖啡器具的挑選和使用說明

手沖壺
coffee kettle

特色

1. **壺嘴區分**：寬口、細嘴。
2. **萃取方式**：斷水、不斷水、點滴。
3. **挑選注意**：壺身無凹陷，壺嘴置中，水流穩定且保溫良好。

用法

1. **咖啡豆磨粉**：中研磨（實務調整）。
2. **濾杯選擇**：V 型、T 型、蛋糕型等等。
3. **置粉**：將咖啡粉置於濾杯內過濾材質。
4. **加溫**：手沖壺盛裝適溫開水。
5. **萃取**：澆淋萃取濾杯內咖啡。

賽風壺

虹吸壺
syphon kettle

特色

① **加熱區分**：酒精燈、瓦斯爐、鹵素燈。

② **濾材**：濾布、濾紙、不銹鋼網。

③ **挑選注意**：玻璃無裂縫，膠圈具彈性，熱源穩定。

用法

① **咖啡豆磨粉**：中研磨（實務調整）。

② **下壺**：以乾布擦乾。

③ **置粉**：熱水進入上壺時咖啡粉置於上壺。

④ **萃取**：以攪拌棒萃取上壺內咖啡。

⑤ **移火**：移開下壺熱源。

聰明濾杯

Mr. Clever dripper

特色

1. **材質區分**：塑膠、陶瓷、玻璃、金屬、木材。
2. **挑選注意**：搭配濾紙，壺身完整及萃取開關正常。

用法

1. **咖啡豆磨粉**：中研磨（實務調整）。
2. **濾杯選擇**：Ｖ型、Ｔ型、蛋糕型等等。
3. **置粉**：將咖啡粉置於濾杯內過濾材質。
4. **萃取**：適溫熱水澆淋濾杯內咖啡粉。
5. **滴漏**：適當時間置於杯上，完成萃取。

土耳其壺

ibrik

特色

① **材質區分**：銅。

② **挑選注意**：握把防熱，壺身完整無細孔。

用法

① **咖啡豆磨粉**：細研磨（實務調整）。

② **置粉**：將咖啡粉置於銅壺內。

③ **加溫**：分次加入適當水量萃煮。

④ **加糖**：加入適量紅糖。

⑤ **萃取**：沸騰後移火（重複三次）。

法式濾壓壺

French press

特色

① **材質區分**：玻璃、陶瓷。

② **挑選注意**：壺身、壺把完整、萃取過濾緊密。

用法

① **咖啡豆磨粉**：粗研磨（實務調整）。

② **置粉**：將咖啡粉置於壺身內。

③ **濾材**：置入濾材後加熱水萃取。

④ **萃取**：適當時間後將咖啡液倒出。

摩卡壺
Moka pot

特色

① **材質區分**：玻璃、鋁製、不銹鋼。
② **挑選注意**：壺身完整、下壺裝填及氣密正常。

用法

① **咖啡豆磨粉**：細研磨（實務調整）。
② **裝水**：將冷水置於下壺，水不超過氣孔
③ **置粉**：將適當咖啡粉置於下壺裝填容器。
④ **加溫**：將摩卡壺加熱。
⑤ **萃取**：上壺無咖啡液湧出，完成萃取。

比利時壺

Belgian balancing siphon

特色

1. **材質區分**：玻璃、金屬。
2. **挑選注意**：壺身、玻璃及配件完整。

用法

1. **咖啡豆磨粉**：細研磨（實務調整）。
2. **濾杯選擇**：濾布。
3. **置粉**：將咖啡粉置於玻璃杯內。
4. **置水加溫**：金屬壺盛裝適溫開水。
5. **萃取**：因液體流動，自動關閉火源。
6. **完成**：撥動旋鈕，倒出咖啡。

美式咖啡壺

coffee maker

特色

① **材質區分：**塑膠、金屬。

② **挑選注意：**壺身完整、開關及滴漏正常。

用法

① **咖啡豆磨粉：**中研磨（實務調整）。

② **濾材選擇：**不銹鋼網或濾紙。

③ **置粉：**將咖啡粉置於濾材上。

④ **置水：**置水壺盛裝適當冷水。

⑤ **萃取：**打開滴漏開關，完成咖啡萃取。

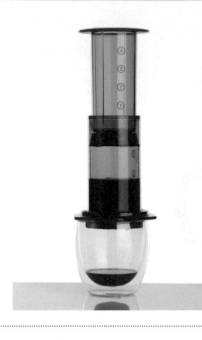

愛樂壓

Aeropress

特色

① **材質區分**：塑膠。

② **挑選注意**：壺身完整、氣密正常。

用法

① **咖啡豆磨粉**：細研磨（實務調整）。

② **置粉**：將咖啡粉置於壺身內。

③ **加水**：壺身盛裝適當熱水。

④ **濾材**：裝上放置濾紙濾材後旋緊裝置。

⑤ **萃取**：適當時間後手壓唧筒萃取咖啡。

越南濾杯
Vietnam dripper

特色

① **材質區分：**金屬。

② **挑選注意：**濾杯完整、濾緣緊密及濾孔正常。

用法

① **咖啡豆磨粉：**咖啡豆磨粉：細研磨（實務調整）。

② **置粉：**將咖啡粉置於濾杯內濾材上。

③ **萃取：**以適量熱水澆淋咖啡。

④ **完成：**咖啡滴漏完成後加入煉乳。

冰滴咖啡

ice drip coffee /
Dutch coffee

特色

① **材質區分**：塑膠、玻璃。

② **挑選注意**：壺身完整、開關及滴漏正常。

用法

① **咖啡豆磨粉**：細研磨（實務調整）。

② **置粉**：將咖啡粉置於中間咖啡粉杯上。

③ **萃取**：以適當冰水滴漏萃取咖啡。

④ **熟成**：萃取後將咖啡冷藏適當熟成。

磨豆機

濾紙

濾杯

手沖壺

咖啡壺

電子秤

貳　咖啡器具的挑選和使用說明

第七章

[義式咖啡概論]

學習目標

一 能說明義式咖啡歷史、標準沖煮條件
二 能說明義式咖啡機和磨豆機的結構與功能
三 能調整磨豆機
四 能沖煮符合標準的義式咖啡
五 能製作符合標準的奶泡
六 能正確操作義式咖啡機器的清潔保養

課程大綱

學科課程 1 小時

壹 義式咖啡的歷史
貳 義式咖啡機和磨豆機的結構與功能
參 奶泡製作的流程與標準

術科課程 2 小時

一 調整磨豆機
二 沖煮義式咖啡
三 製作奶泡
四 義式咖啡機器的清潔保養

壹 義式咖啡歷史

十八世紀，透過商人，咖啡開始從阿拉伯國家傳入歐洲。一開始，歐洲人也是使用阿拉伯傳統的熬煮或滴漏方式來萃取咖啡。到了 1884 年，義大利人莫里奧多（Angelo Moriondo, 1851–1914）因為不耐等待，所以發明了能夠快速製作咖啡的蒸汽設備，也就是**義式濃縮咖啡機**（espresso coffee machine）。

1901 年，一位米蘭科學家畢澤拉（Luigi Bezzera）針對蒸汽咖啡機器，進行了一系列的改進，推出世界上第一台商用的蒸氣壓力咖啡豆機，後來申請專利，成了濃縮咖啡機最悠久的品牌。1905 年，帕渥尼（Desiderio Pavoni）創建「La Pavoni」公司，開始進行工業化量產。

↗ 義式濃縮咖啡機
（espresso coffee machine）

1935 年，伊利（Francesco Illy）再改良機器，設置壓縮氣體；克雷莫尼西（Signore Cremonesi）在義式咖啡機再裝設**壓力活塞**（Piston），以活塞取代蒸氣，成為咖啡萃取的力量。

1938 年，弋基亞（Achille Gaggia）裝設**機器槓桿**。1961 年，法瑪（Faema）研發革命性的幫浦運轉系統。

經過這些發明家不斷地研發和改良，終於創造出今日風靡世界的義式濃縮咖啡機。在將近一世紀的咖啡機器演進之後，義大利人發明的義式濃縮咖啡機，以 8–9 bar 壓力加壓，讓高溫熱水迅速均勻的通過濾杯內的咖啡通道，以 25–30 秒萃取出 25–35 ml 的濃縮咖啡，因此凝聚咖啡裡的芳香成分和脂質，在咖啡上產生一層薄薄的金黃色油沫（cream），讓義式濃縮咖啡有了香醇濃郁的口感呈現。一口飲下，瞬間充滿濃郁口感，餘韻芳香，醒腦滋味令人難忘。

↗ 義式濃縮咖啡的
金黃色油沫

義式咖啡機和磨豆機的結構與功能

一、義式咖啡機的重要結構

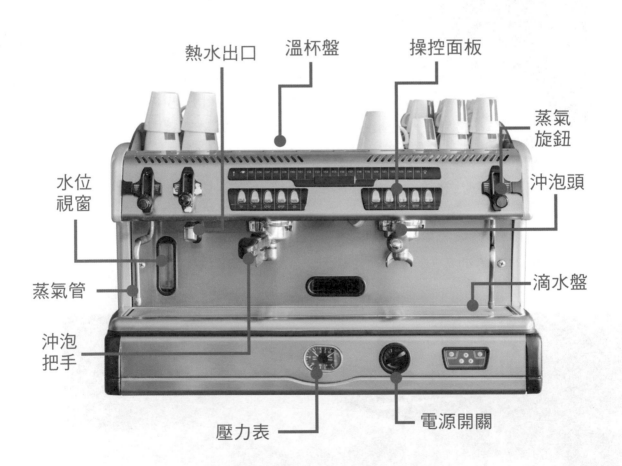

熱水出口　　溫杯盤　　　　操控面板

蒸氣旋鈕

水位視窗

沖泡頭

蒸氣管

滴水盤

沖泡把手

壓力表　　　　　　電源開關

1 鍋爐系統

鍋爐用來供應熱水，設計重點為提供萃取沖煮咖啡水溫的穩定性。設計上有三大類型：

- 單鍋爐
- 多鍋爐
- 熱交換
- 環保鍋爐
- 雙鍋爐

5 蒸氣管

提供牛奶打發和融合所需的蒸汽。

6 壓力表

確保沖煮壓力數據設定在 6-9 Bar。

2 沖煮頭

用來萃取咖啡。
須注意三點：

- 氣密
- 分水網
- 保溫

3 幫浦

控制洩壓閥最大額定壓力。
設計上有兩大類型：

- 震動式（無法調整壓力）
- 旋轉式（可以調整壓力）

7 卸壓閥

控制額定的壓力。

8 加熱管

提供符合萃取咖啡溫度的熱水。

9 填壓器

以重力與粉之間的密度，將咖啡粉壓成粉餅。

4 水位探針

確保蒸氣鍋爐裡的水不會裝滿、水位低時通知幫浦自動進水。

10 濾杯

盛裝咖啡粉餅，提供沖煮頭來萃取咖啡。

二、磨豆機重要結構

磨豆機（coffee grinder）研磨系統可區分：

- 分手動模式（dosage container）
- 自動定量模式（grind-on-demand）

刀模也有區分：

- 錐刀（conical burr）
- 平刀（flat burr）

刀盤也有不同大小尺寸，主要都是將咖啡豆研磨至所需的最佳萃取粒徑，來沖煮萃取咖啡。

以下介紹磨豆機幾項重要諸元：

1. **豆槽**：盛裝要研磨的咖啡豆。

2. **刀模**：研磨咖啡豆。

3. **無段式調整刀盤**：調整研磨的粗細度。

4. **電子控制面板**和**液晶顯示螢幕**：可設定單份或雙份的研磨時間。

5. **分量器**：是咖啡研磨後，將咖啡粉落入一個可旋轉的集粉盤內，再用均勻等分的格柵，將咖啡粉定量分配，以撥桿將咖啡粉填進沖煮把手的濾杯內。

↗ 錐刀（conical burr）

↗ 平刀（flat burr）

豆槽

↗ 磨豆機（coffee grinder）

壓粉錘（tamper）

粉碗
（basket）

冲煮把手
（portafilter）

三、萃取（extraction）

1. **萃取不足**（under extraction）：萃取時，咖啡粉過粗，而造成味道不完整。

2. **萃取過量**（over extraction）：萃取時，咖啡粉過細，而造成味道不完整。

3. **通道效應**（channeling）：填壓力道與敲擊。

以下是義大利國家咖啡學院指定的**義式濃縮咖啡**（espresso）技術參數：

咖啡粉重量	**7** ± 0.5 公克
設備的熱水溫度	**88** ± 2 ℃（190 ± 4 ℉）
萃取完成的咖啡溫度	**67** ± 3 ℃（153 ± 5 ℉）
萃取壓力	**9** ± 1 bar（131 ± 15 psi）
滲濾時間	**25** ± 5 秒
杯中咖啡體積（包含泡沫）	**25** ± 2.5 ml

參　奶泡製作的流程和標準

一、拿鐵拉花的歷史與由來

香醇動人、充滿視覺藝術感的拿鐵拉花（latte art），又稱作**咖啡拉花**，相傳是在 1988 年時，西雅圖「Espresso Vivace」咖啡館的老闆 David Schomer 無意間發明的。他在為顧客製作咖啡、加入牛奶時，發現兩者交融的液體上呈現出美麗的愛心圖案，啟發他開始研究咖啡拉花的形成原理與變化，也造成現今拉花藝術的風行。

拉花的手法，可分為兩種：

直接注入法 free pour	雕花法 etching

拉花的圖型，又可粗分為：

↗ 傳統的拉花圖型

↗ 組合的拉花圖型

↗ 創意的拉花圖型

二、牛奶相關知識

牛奶主要的成分為：

🌢 蛋白質（proteins）
🌢 乳脂肪（fats）
🌢 乳糖（lactose）

而奶泡能打發，主要是依賴<u>蛋白質</u>，而<u>乳脂肪</u>則是維持奶泡的最佳幫手。因此，低脂牛奶、脫脂牛奶甚至是豆奶，都可以製作奶泡，只是少了脂肪就不容易維持拉花圖形。

鮮乳的殺菌，可依以下幾種處理方法進行。

1 低溫殺菌

將殺菌的溫度控制在 62–65℃ 的範圍，並進行 30 分鐘長時間的殺菌，以保留較多的乳清蛋白和維生素等營養成分。

2 標準高溫殺菌

將殺菌溫度控制在 72–75℃ 的範圍，進行 15–30 秒時間的快速殺菌，這也是歐美國家經常使用的處理方式，這是由法國生物學家巴士德（Louis Pasteur）於 1864 年所發明，因此也稱作巴士德處理法。

↗拉花杯／奶泡杯
（foaming jug）

3 超高溫殺菌

將殺菌溫度控制在 125–135℃ 的範圍，時間只需 2–3 秒，是目前國內多數業者採用的處理方法。使用這種處理法雖然可以延長乳品的保存期限，但也造成較多營養成分的損失。

三、奶泡製作與拉花練習

1 蒸氣管的正確位置

蒸氣管噴嘴應距離牛奶鋼杯的中心點約一公分位置，以便將蒸汽讓牛奶能穩定的旋轉，將奶泡與牛奶充分的融合，形成細膩且滑口的奶泡結構。

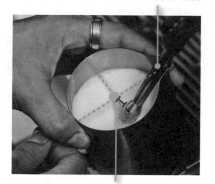

蒸氣管位置區

蒸氣管與牛奶的接觸面
距中心點約一公分

2 蒸氣管埋入牛奶的深度

蒸氣管噴嘴埋入牛奶的深度要適當，如果深度不夠，會產生大顆粒奶泡；如果深度太深，則只會進行牛奶加熱，而無法產生奶泡。

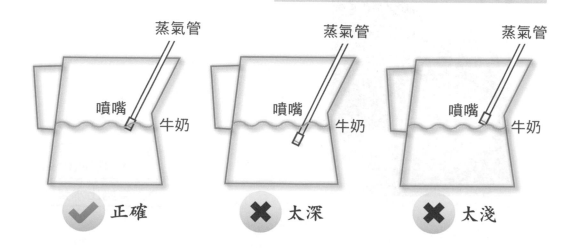

正確　　　太深　　　太淺

3 拉花圖形位置控制

奶泡行進路線

控制奶泡行進路線呈現拉花圖形，將鋼杯壺嘴想像成**箭頭**，以圓形咖啡杯畫出**十字**，讓行進路線依箭頭穩定向前、後及晃動，是拉花的重要基礎。

4 拉花流量控制練習

這是拉花的流量控制練習想像圖，將鋼杯壺嘴分成兩等分：下半段為牛奶出水量，上半段為奶泡出水量，練習時以鋼杯承水模擬奶泡倒入瓶口，進行穩定流量控制。

奶泡出水量

牛奶出水量

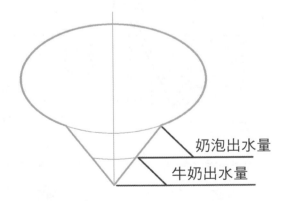

奶泡出水量

牛奶出水量

參 奶泡製作的流程和標準

參考資料

‣ Aerts, R. J. and T. W. Baumann (1994). "Distribution and utilization of chlorogenic acid in Coffee seedlings." Journal of Experimental Botany45 (4): 497–503.

‣ Bidel, S. and J. Tuomilehto (2012). "9 Coffee and Cardiovascular Diseases." Coffee: emerging health effects and disease prevention59.

‣ Buckeridge, M. S. (2010). "Seed cell wall storage polysaccharides: models to understand cell wall biosynthesis and degradation." Plant Physiology154 (3): 1017–1023.

‣ Canada., H. (2012). "Caffeine in Food." from https://www.canada.ca/en/health-canada/services/food-nutrition/food-safety/food-additives/caffeine-foods/foods.html.

‣ Clé, C., et al. (2008). "Modulation of chlorogenic acid biosynthesis in Solanum lycopersicum; consequences for phenolic accumulation and UV-tolerance." Phytochemistry69 (11): 2149–2156.

‣ Corinaldesi, R., et al. (1989). "Effect of the removal of coffee waxes on gastric acid secretion and serum gastrin levels in healthy volunteers." Current therapeutic research46 (1): 13–18.

‣ Crippa, A., et al. (2014). "Coffee consumption and mortality from all causes, cardiovascular disease, and cancer: a dose-response meta-analysis." American Journal of Epidemiology180 (8): 763–775.

‣ Dixit, S., et al. (2016). "Consumption of caffeinated products and cardiac ectopy." Journal of the American Heart Association5 (1): e002503.

‣ Farah, A. (2012). "Coffee constituents." Coffee: emerging health effects and disease prevention1: 22–58.

‣ Farah, A. and C. M. Donangelo (2006). "Phenolic compounds in coffee." Brazilian Journal of Plant Physiology18 (1): 23–36.

‣ Flament, I. and Y. Bessière-Thomas (2002). Coffee flavor chemistry, John Wiley & Sons.

▶▶ Garrett, R., et al. (2016). "Revealing the spatial distribution of chlorogenic acids and sucrose across coffee bean endosperm by desorption electrospray ionization-mass spectrometry imaging." LWT-Food Science and Technology65: 711–717.

▶▶ Guen, M., et al. (2016). "Coffee consumption is associated with lower serum aminotransferases in the general Korean population and in those at high risk for hepatic disease." Asia Pacific Journal of Clinical Nutrition25 (4): 767.

▶▶ Honjo, S., et al. (2001). "Coffee consumption and serum aminotransferases in middle-aged Japanese men." Journal of Clinical Epidemiology54 (8): 823–829.

▶▶ Kennedy, O., et al. (2016). "Systematic review with meta-analysis: coffee consumption and the risk of cirrhosis." Alimentary Pharmacology and Therapeutics43 (5): 562–574.

▶▶ Leiss, K. A., et al. (2009). "Identification of chlorogenic acid as a resistance factor for thrips in chrysanthemum." Plant Physiology150 (3): 1567–1575.

▶▶ Lohsiriwat, S., et al. (2006). "Effect of caffeine on lower esophageal sphincter pressure in Thai healthy volunteers." Diseases of the Esophagus19 (3): 183–188.

▶▶ Murkovic, M. and K. Derler (2006). "Analysis of amino acids and carbohydrates in green coffee." Journal of Biochemical and Biophysical Methods69 (1): 25–32.

▶▶ Nkondjock, A. (2009). "Coffee consumption and the risk of cancer: an overview." Cancer Letters277 (2): 121–125.

▶▶ Ohta, A., et al. (2007). "1, 3, 7-trimethylxanthine (caffeine) may exacerbate acute inflammatory liver injury by weakening the physiological immunosuppressive mechanism." The Journal of Immunology179 (11): 7431–7438.

▶▶ Organization., I. C. (2015). "World coffee consumption." from http://www.ico.org/prices/new-consumption-table.pdf.

▶▶ Redgwell, R. and M. Fischer (2006). "Coffee carbohydrates." Brazilian Journal of Plant Physiology18 (1): 165–174.

▸ Riedel, A., et al. (2014). "N-Methylpyridinium, a degradation product of trigonelline upon coffee roasting, stimulates respiratory activity and promotes glucose utilization in HepG2 cells." Food Funct5 (3): 454–462.

▸ Rogers, W. J., et al. (1999). "Changes to the content of sugars, sugar alcohols, myo-inositol, carboxylic acids and inorganic anions in developing grains from different varieties of Robusta (Coffea canephora) and Arabica (C. arabica) coffees." Plant Science149 (2): 115–123.

▸ Rubach, M., et al. (2014). "A dark brown roast coffee blend is less effective at stimulating gastric acid secretion in healthy volunteers compared to a medium roast market blend." Molecular Nutrition & Food Research58 (6): 1370–1373.

▸ Speer, K. and I. Kölling-Speer (2006). "The lipid fraction of the coffee bean." Brazilian Journal of Plant Physiology18 (1): 201–216.

▸ Tajima, Y. (2010). "Coffee-induced hypokalaemia." Clinical medicine insights. Case reports3: 9.

▸ Tanaka, K., et al. (1998). "Coffee consumption and decreased serum gamma-glutamyltransferase and aminotransferase activities among male alcohol drinkers." International Journal of Epidemiology27 (3): 438–443.

▸ Weiss, C., et al. (2010). "Measurement of the intracellular pH in human stomach cells: a novel approach to evaluate the gastric acid secretory potential of coffee beverages." Journal of Agricultural and Food Chemistry58 (3): 1976–1985.

▸ Zhou, J., et al. (2013). "Experimental diabetes treated with trigonelline: effect on β cell and pancreatic oxidative parameters." Fundamental and Clinical Pharmacology27 (3): 279–287.

國家圖書館出版品預行編目資料

亞洲咖啡認證初階學堂 / 國立高雄餐旅大學
著；一初版. 一[臺北市]：寂天文化, 2022.04
面；公分

ISBN　978-986-318-686-1 (20K平裝)
ISBN　978-626-300-120-6 (16K平裝)

1. CST: 咖啡

427.42　　　　　　　　　111004151

作者 _ 國立高雄餐旅大學【著作團隊：方政倫、王國信、
　　　邵長平、陳若芸、陳政學、彭思齊、廖思為、
　　　蔡治宇、羅時賢（按筆劃順序）】
總編審 _ 王美蓉
插畫 _ 徐啟鈞
編輯 _ 安卡斯
封面設計 _ 林書玉
製程管理 _ 洪巧玲
發行人 _ 黃朝萍
製作 _ 深思文化
出版者 _ 寂天文化事業股份有限公司
電話 _ +886-2-2365-9739
傳真 _ +886-2-2365-9835
網址 _ www.icosmos.com.tw
讀者服務 _ onlineservice@icosmos.com.tw
出版日期 _ 2022年4月 初版二刷
郵撥帳號 _ 1998620-0 寂天文化事業股份有限公司